普通高等教育"十四五"系列教材

大学信息技术

曾翰颖　编著

中国水利水电出版社
www.waterpub.com.cn
·北京·

内 容 提 要

本书以教育部高等学校大学计算机课程教学指导委员会 2023 年 4 月所编制《新时代大学计算机基础课程教学基本要求》为指导，参照其中"信息与社会"知识领域的有关要求，结合《高等学校计算机基础教学发展战略研究报告暨计算机基础课程教学基本要求》的"1+X"课程设置方案，以及有关课程思政的教学目标，紧扣当前信息技术的发展而编写，既可作为本科院校计算机公共基础课程的教材，也可作为科学与技术类通识课程的教材。

本书共分 6 章，由曾翰颖编写完成，旨在通过引入交叉学科内容，进一步拓展学生信息视野，从而能以一种更广阔、更融合的视角来看待信息技术，理解其给人类社会所带来的影响，思考人类自身的生存状况，以及来自信息技术的挑战，塑造基于信息技术的世界观、人生观和价值观。

本书适合作为本科计算机公共基础课程的教材。

图书在版编目（ＣＩＰ）数据

大学信息技术 / 曾翰颖编著. -- 北京 ： 中国水利
水电出版社，2023.12
　普通高等教育"十四五"系列教材
　ISBN 978-7-5226-2164-7

　Ⅰ．①大… Ⅱ．①曾… Ⅲ．①电子计算机－高等学校
－教材 Ⅳ．①TP3

中国国家版本馆CIP数据核字(2024)第021377号

策划编辑：陈红华　责任编辑：张玉玲　加工编辑：刘瑜　封面设计：苏敏

书　　名	普通高等教育"十四五"系列教材 **大学信息技术** DAXUE XINXI JISHU	
作　　者	曾翰颖　编著	
出版发行	中国水利水电出版社 （北京市海淀区玉渊潭南路 1 号 D 座　　100038） 网址：www.waterpub.com.cn E-mail: mchannel@263.net（答疑） 　　　　sales@mwr.gov.cn 电话：（010）68545888（营销中心）、82562819（组稿）	
经　　售	北京科水图书销售有限公司 电话：（010）68545874、63202643 全国各地新华书店和相关出版物销售网点	
排　　版	北京万水电子信息有限公司	
印　　刷	三河市鑫金马印装有限公司	
规　　格	170mm×240mm　　16 开本　　11.5 印张　　200 千字	
版　　次	2023 年 12 月第 1 版　　2023 年 12 月第 1 次印刷	
印　　数	0001—1000 册	
定　　价	37.00 元	

前　　言

　　马克思在《机器、自然力和科学的应用》中指出："火药、指南针、印刷术，这是预告资产阶级社会到来的三大发明。火药把骑士阶层炸得粉碎，指南针打开了世界市场并建立了殖民地，而印刷术则变成新教的工具，总的来说，三大发明变成了科学复兴的手段，变成了对精神发展创造必要前提的最强大的杠杆。"今天，人类社会再次迎来一个重大的历史转折，这场同样由技术而引发的变革更加深远，那就是信息革命，历史学家尼尔·弗格森对此感慨道："若对因特网的全球影响做个类比的话，最好的参照就是印刷机对 16 世纪欧洲的影响。"

　　相比过去，信息技术不仅带来效率的提升，同时带来一种新的认知范式、一种新的生活方式和一种新的存在模式。但是，技术并不具有某种超然的自主性和独立性，技术与社会之间的关系是双向与复合的，同时又与经济、政治和文化等一起推动着人类历史的进程，因此也应将信息技术嵌入人类社会的历史背景中加以思考，如此一来，信息教育就不能再仅仅被视为一种工具类的技术教育，还应当包括更多内容。

　　首先是恢复知识的统一图景。学科分类是近代才出现的，复杂对象可以解构为部分的组合来加以阐释和理解，但是在简化与还原的过程中整体的能被割裂，知识的统一图景遭到破坏。马克思说："科学只有从自然科学出发，才是现实的科学。历史本身是自然史的，即自然界成为人这一过程的现实部分。自然科学往后将包括关于人的科学，正像人的科学包括自然科学一样：这将是一门统一的科学。"现在，随着"统一信息论"的出现与发展，借助贯穿所有学科的信息，使得恢复知识的统一图景成为可能。因此信息教育中要引入更多的交叉学科内容，拓宽学生的视野，让他们能以更加多元和广阔的眼光来认识世界、认识生命、认识自己。

　　其次是弥合二分的事实与价值。随着大数据时代的到来，基于数字理性的事实判断，逐渐取代了基于认知主体的价值判断，但是库恩在《科学革命的结构》中指出："不存在科学研究所需要的独立数据，数据是活动的产品，是科学文化的人造物，在这种情况下，知识不再是等待被发现的事实，而是融入了认知主体的价值选择。"因此信息教育不仅要让学生能够坚持"是与否"的事实判断，同时要关注"对与错"的价值判断，这种价值判断既体现在工程技术伦理上，避免个体只是为了寻求知识突破而将人类社会置于危险当中；又体现在个体对自我、对族群、对国家乃至对整个人类所应承担的责任，并为人类共同体作出应有的贡献。

最后是寻求生命的价值与意义。信息技术在带来各种便利的同时，也导致了一些问题的出现。作为将"信息"一词作为科学术语使用的第一人，心理学家哈特利早在 20 世纪 20 年代就提出，要排除心理因素的影响，用"纯粹的物理量"来度量信息；到了香农，"熵"这个在热力学中代表着混乱与无序的概念，被拿来用以消除信号传递中的不确定性。原本蕴含在信源里的复合化，经过概率的精确计算，只剩下独立于接收者的客观信号，与之消失的还有对于生命的价值与意义而言至关重要的丰富、深刻与多元。

本书选取了当前主流的信息技术，从多个方面探讨信息及其技术对于社会生活的影响，共分为 6 个章节，主要内容如下。

第 1 章 信息的本质：介绍信息在不同领域的各种定义；探讨信息的本质，以及有关信息本体论的相关知识。

第 2 章 信息论与熵：介绍信息论的由来以及影响；介绍二进制思想的本质，以及如何借助其来进行问题的求解；探讨熵的含义，以及信息熵的计算及其应用。

第 3 章 网络及其效应：介绍互联网发展史、网络的一般化描述，以及有关社会网络的内容；介绍网络科学的定义与发展；介绍了网络结构的主要概念与动力学原理；介绍社会中的复杂网络现象。

第 4 章 人工智能哲学：介绍人工智能的发展历史与图灵测试，以及有关机器学习的有关内容；探讨机器与人之间的关系；介绍有关群体智能的内容。

第 5 章 数据与计算：探讨数与世界本源之间的关联；介绍定性与定量的研究方法；介绍几种社会中的计算。

第 6 章 信息时代与社会：介绍信息社会的由来；介绍信息科学的定义与发展，以及在社会与自然领域的应用；探讨信息技术对于社会生活的影响。

由于编者水平有限，书中难免存在疏漏及不足之处，敬请广大读者批评指正。

编　者
2023 年 7 月

目　录

第 1 章 信息的本质

1.1 信息是什么

1.1.1 一个世纪难题

我们生活在一个信息的时代，可对于信息是什么，至今却仍众说纷纭，美国学者布尔金（Mark Burgin）在《信息论：本质·多样性·统一性》（*Theory of Information—Fundamentality，Diversity and Unification*）中如此说道：

审视信息科学，我们发现一个奇怪情形，一方面，它有许多理论，科学家创造了大量的信息理论：香农的统计信息理论、语义信息理论、动态信息理论、定性信息理论，马尔萨克（Marschak）的经济信息理论、实用信息理论，费希尔（Fisher）的统计信息理论、演算信息理论，等等。研究者研究信息生态学（Davenport，1997）和信息经济学（Marschak，1959 和 1964；Arrow，1984；Godin，2008），建立了信息代数（Burgin，1997b；Kohlas，2003）、信息几何学（Amari 和 Nagaoka，1985）、信息逻辑（Van Rijsbergen，1986 和 1989；Demri 和 Orlowska，1999）、信息演算（Van Rijsbergen 和 Laimas，1996）、信息物理学（Stonier，1990；Siegfried，2000；Pattee，2006）和信息哲学（Herold，2004），每年大量出版有关信息问题的书籍，发表的论文有几千篇，但是仍然不知道信息是什么。

正因为如此，在《21 世纪 100 个交叉学科难题》一书中，将"信息是什么"作为一个重要却仍有待探讨的问题，之所以出现这种情况，既与信息的普遍存在有关，也与它的产生过程不无关联，因为这同时涉及了信源、信道和信宿等三个方面的问题，它们是信息的三要素（图 1-1）其中任一要素发生变化，就会使最终产生的信息有所不同甚至大相径庭，这一方面赋予了信息的多值、

信源 —— 信道 ——▶ 信宿

图 1-1 信息的三要素

多态的特性，另一方面也使其具有强烈的主观色彩。为了更好地理解这种复杂性，来看下面几个案例。

案例1："盲人摸象"是一个人们耳熟能详的故事，其出自佛经《涅槃经》三十二："有王告大臣，汝牵一象来示盲者。众盲各以手触。大王唤众盲者问之：'汝见象类何物？'触其牙者言象形如萝卜根，触其耳者言如箕，触其脚者言如臼，触其脊者言如床，触其腹者言如瓮，触其尾者言如绳。"由于目不能视，因此盲人们各凭所接触的大象部位，而作出自己的判断，有人说大象像萝卜根，有人说像簸箕，有人说像绳子，等等。

案例2：不同年代的人面对"PS"这个词，会得出不同的结论。"50后"的人大多不认识这个词，甚至会认为这只是一个信手涂鸦或者拼写错误；"70后"和"80后"的人认为是便签的意思（postscript的简写）；一个"00后"则会立刻想到美颜（Photoshop是Adobe Systems开发的一款图像处理软件，通常简称PS，常被看作是换脸和美颜的同义词）。

案例3：市场调研是商业活动中的重要组成部分，尤其是开发新产品或者开拓新市场时，通常会事先进行市场调研。某家鞋厂为了进入非洲市场，因此派出两个调研人员，一个月之后，工厂收到了他们的邮件，其中一人说："不要来，这里没有机会，因为这里的人都不穿鞋！"另一个人则说："快点来，这里机会很大，因为这里的人都没穿鞋！"

案例4：在现代化的电话和电报出现之前，烽火是人们进行远距离消息传递的重要方式，虽然相比驿马和飞禽，烽火只能传递简单消息，却具有速度上的明显优势，比如《塞上蓬火品约》中就有记载，当时的守卒按敌人入侵的不同方位、入侵人数与入侵程度，把烽火传递的情报分为五个等级，通过蓬、表、鼓、烟、炬火、积薪等的不同组合，白天举蓬、表、烟，夜间举火，积薪和鼓则昼夜兼用，来分别表示不同的信息，比如敌人不满一千人只燔一积薪；超过一千人燔二积薪；若一千人以上攻亭障，则燔三积薪，诸如此类。

这种传递信息的方式非中国所特有，据荷马等人的记载，早在公元前12世纪，希腊人就在特洛伊战争中开始使用烽火，遇上天气好的时候，这种烽火传递的信息可以达到三十多千米以外。在埃斯库罗斯的戏剧中，特洛伊被攻陷的当天夜里，阿伽门农的妻子就得知了这个消息，而当时的她身处六百多千米以外的迈锡尼，甚至到了近代美国的独立战争期间，人们还在使用类似烽火的方式来传递信息，比如燃烧一堆柴火，表示英军从陆路进攻，燃烧两堆柴火，表示英军从水路进攻。

案例 5：爱因斯坦根据广义相对论和其他的物理学家先后提出了 4 个预言，即光线在引力场中的偏折、光谱线在引力场中的红移、引力辐射存在和黑洞存在，其中引力辐射就是俗称的引力波。引力波是有质量的天体进行运动所产生的能量波，它会导致空间的压缩或者扩张。人类第一次真正地探测到引力波则是在 2015 年 9 月，到 2016 年的 6 月再次探测到了引力波，至此爱因斯坦当初的 4 个预言，在时隔 100 年之后全部得到了证实。尽管引力波的真正发现不到 10 年，但由于引力波与物质的弱耦合作用，因此一旦产生就永不消失，所以它们已存在亿万年。

1.1.2 字典中的定义

《汉语大辞典》将信息定义为：

（1）音信消息。

（2）信息论中，信息指用符号传送的报道，报道的内容是接收符号者预先不知道的。

在《美国传统字典》中，信息是：

（1）通过学习、经验或指导获得的知识。

（2）一个具体事件或情况的知识、智能。

（3）事实或数据的集合。

（4）告知作用或被告知的条件。

（5）计算机科学里用作计算机或通信系统输入的一个非偶然信号或字符。

（6）一个实验结果的非确定性的数值度量。

（7）（法律上）由公诉人员提出而非大陪审团起诉书提出的对一项犯罪的正式起诉。

《剑桥哲学词典》将信息定义为：一种客观（独立于精神的）实体。它能通过消息（词汇、句子）或其他的认知程序（解释程序）的产物而被产生或传递。信息能够被编码并传输，但是信息将独立于它的编码或传输而存在。

汉字的"信息"是由"信"和"息"两个字组成。在《说文解字》中，金文的"信"字从人、从口，小篆改为从言，"信，诚也"，以表真实之意，如《老子》中的"信言不美，美言不信"；又如佛经《智度论》卷一中的"佛法大海，信为能人"，意为入佛门者要以诚为先，其中的"信"包含了使心澄净为信，以忍为信，以不疑佛法为信和依子依人为信等四个方面的内容。"息"的金文和小篆都从自、从心，泛指气息，并可引申为叹气、停止等，如《周易》中的"天行健，君子以自强不息"。

"信息"的英文、法文、德文、西班牙文均为"information"，在古希腊文中信息的单词为 μορφή 或 εἶδος，哲学家柏拉图与亚里士多德经常引用这个词，来表示理想的身份或事物的本质。information 是由动词"to inform"转化演变而来的，并可追溯到拉丁文的名词"informatio"和拉丁文的动词"informare"，这两个词又与古希腊的"typos""morphe""eidos/idea"等词相关，因而"informare"就有了"to give form to""to shape"或"to form"的意味，并进一步地引申为"to give form to the mind"（思维的形成）、"to discipline"（构成学科）、"to instruct"（指导）、"to teach"（教育），因而 information 的本意中蕴含着分类、思想、形式、结构等概念，并在文艺复兴时期短暂地与"to instruct"同义，因而也可定义为被人们所接收的陈述或事实，并且这些陈述或事实对接收者有某种形式的价值。

在唐代以前，现代的"信"字所具有的"书信"含义是通过"书"来指代的，而古代的"信"则是指"送信的人"，此外，"信"字也被认为可能与中国的阴阳学有关，汉代杨雄的《太玄经》中有云："阳气潜萌于皇宫，信无不在乎中，"又有"阳气极于上，阴信萌乎下，上下相应"，这里的"信"指的是阴阳的感应与生长的征兆，《辞海》也据此认为"信"即指消息、音讯。

现代研究认为，将"信"和"息"两字合用最早出现在唐代，"信息"在古代主要是指书信，并引申为音讯、消息，如李白《大堤曲》中的"不见眼中人，天长音信断"，而"消息"一词在中文古文中则暗含着事物的变化之意，如《易·丰》中的"日中则昃，月盈则食，天地盈虚，与时消息，而况乎人乎"，此处的"消息"指的就是事物的盛衰更替。

在《辞源》《辞海》等权威辞书中，一般将五代时期的李中（公元 920—974）作为使用汉语"信息"一词的第一人，他在《暮春怀故人》中写道："池馆寂寥三月尽，落花重叠盖莓苔。惜春眷念不忍归，感物心情无计开。梦断美人沉信息，目穿长路倚楼台。琅玕绣段安可得，流水浮云共不回。"可又有学者提出，早在唐高宗或唐中宗时期人们就已开始使用"信息"一词，比如王睃就曾有"若置之朔塞，任之来往，通传信息，结成祸胎，此无策也"（《全唐文》卷二百九十八），又有张九龄的"平卢信息，日夕往来"诗句等，而自唐代以来，信息逐渐地出现在各种文献作品中，直至近代信息革命出现之后，信息一词就更加爆炸式地出现在人们的日常生活之中了。

1.1.3　信息的特征

从字典中对于信息的定义就可以得知，对于不同的背景，信息的定义会有所不同，也就使得信息的特征具有了多样性，一般来说，信息具有如下的共同特征。

（1）依附性。马克思说："世界的真正统一性在于它的物质性。"因此依附性是信息的首要特性，因为无论是信源、信道还是信宿，都需借助具体的物质载体，才能够产生、传递、交流、保存和复现信息，与物质相比，信息是抽象和无形的，不能脱离物质而单独存在，同时需要能量的参与，才能够为信息提供动力。

（2）普遍性。由于信息所依附的物质无所不在，因而使得信息具有了普遍性。无论是宏观的宇宙，还是微观的粒子，无论是有机的生命，还是无机的物体，每时每刻都在发生着相互的作用，并伴随着信息的产生、传递、交换等过程。正是这种普遍性的存在，为信息的跨学科应用研究提供了坚实的基础。

（3）多样性。信息的多样性同时反映在信源、信道和信宿等三个方面。对信源而言，同一个信息可以有不同的来源，比如我们对时间的感知，既可以来自日历，也可以来自身体的变化，前者是外在、直观和具体的，后者则是内在、模糊和抽象的。对于信道而言，文字、音乐、图画、舞蹈等，都可以作为载体，来表述相同的事物。对于信宿而言，相同的信源和信道，有时候产生的信息却有所不同，就在于信宿的差异，如前面提到去非洲进行市场调研的两个人，面对相同的事实，却得出了截然相反的结论。

（4）可传递性。信息可以通过其载体实现远距离的传输，这种传输的过程有时是可以直接感知的，比如将一滴红墨水滴入清水中，会看到逐渐扩散的过程；有时却是不知不觉的，比如个人的成长，它来自不断的学习和实践，这是一个潜移默化的过程。

（5）结构化。信息是拥有某种特性形式的讯息，这种结构可以是公众普遍认可的，比如文字、公式等；也可以是群体内部约定的，比如暗号、密码等；还可以是个体所独有的，而正是这种独有造就了个体的独特性，只是这种独特性通常依托前两者而存在。马克思说："只有音乐才能激起人的音乐感，对于没有音乐感的耳朵说来，最美的音乐也毫无意义。"

（6）可重构性。在信息产生的过程中，对于相同的信源和信道，也会因为信宿的不同而得到不同结果，因为对于信宿而言，在其内部有一个先在的认知结构，信息就是在这个结构与讯息进行识别和匹配的过程中产生的，而不是简单的还原，所以就具有较强的可重构性，比如前面案例中提到的"盲人摸象"，对于相同的信源却得出了各种不同的多个结论，其中的"触其牙者言象形如萝卜根"，得先有一个"萝卜根"的概念，才可能有此断言。

（7）明确性。讯息通过信道传递给信宿，并经过重构过程之后，就具有了确定的含义，而不再是非特指性的数据，比如对于"1024"，理论上它表示的含义是无穷的，比如年份、门牌号、产品编号等，可是当它传递给信宿，并与其已有的结构进行匹配、重构之后，它的意义就明确化了，成为了原本无穷多种可能性中的一个子集。

（8）可存储性。当信息以各种结构与形式在信宿中生成之后，一旦能在一定时间内保持稳定，就能被信宿所存储，这种可存储的介质也是多样化的，除了人造物品之外，比如书本、光碟、照片等，还有许多自然的事物，比如在树木之中会随着时间的推移，在树干中形成一圈圈的年轮，通过它人们就能判断出树木的树龄。

（9）共享性。存储的信息可以脱离原有的信宿而实现与他人共享，此外信息的一个特别之处在于，非物质化的信息在与人分享之后不会减少，就如谚语所言："你有一个苹果，我有一个苹果，交换之后我们都还是只有一个苹果；但你有一种思想，我有一种思想，交换之后我们就各自有了两种思想。"

（10）耗散性。耗散的存在表明了信息并非一成不变的，当存储信息的物质发生变化时，信息就会出现变化，比如人的记忆，会随着时间的推移而模糊、失真，从而导致原有信息的完全丧失，或者与其他信息发生作用而变成了新的信息。

1.2　信息的本质

1.2.1　麦克斯韦妖

物理学家麦克斯韦最广为人知的成就就是将电学和磁学统一了起来，而他所提出的麦克斯韦方程组，则为狭义相对论的发现奠定了重要基础。1871 年，麦克斯韦在《热理论》(*Theory of Heat*) 中提出了一个影响深远的难题，这就是后来纠缠物理学界近 150 年的"麦克斯韦妖"(Maxwell's demon)。在这个难题中，麦克斯韦设想存在一个箱子，中间被一块板子分隔，板子上有一个活门，有一个"小妖"守护着，这个小妖能够追踪并判断每个分子的速度，然后适时地打开活门让特定分子通过。对于左边来的分子，如果速度快，就打开活门让它去到右边，否则就不让其通过；反之，对于右边来的分子，如果速度慢，就打开活门让它去到左边，否则也不让其通过。同时，麦克斯韦还假设小妖所控制的活门既没有质量也没有摩擦，因此开关门所需的能量几乎可以忽略，这样一来，一段时间之后，在箱子的左边就是速度慢的分子，而另一边就是速度快的分子，如图 1-2 所示，而运动速度不同的分子在宏观表现上，就是速度快的分子产生的热量高，速度慢的分子产生的热量低，那么一段时间之后箱子的左右两边就会形成温差，而蒸汽机就是利用温差来做功的。

可是，在一个孤立的系统内，速度不同的分子会逐渐达到一个匀速分布的状态，就像我们日常生活中将凉水倒入热水中一样，一段时间之后就会得到一杯温水，而要将这杯水重新"分成"温度不同的两个部分，就一定需要做功，而这正是麦克斯韦妖令人费解之处，因为在这个假想中它无需做功，因此这个设想自提出之日起就难到了包括麦克斯韦本人在内的众多科学家，那么在自然的情况下，分子能否自发地形成这种特定状态呢？

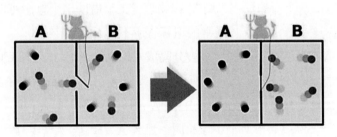

图 1-2　"麦克斯韦妖"的工作示意

以抛掷硬币为例，它存在着两种"运动"状态：正面和反面，如果抛掷的是单枚硬币，连续出现 10 次正面是不难的，那么连续出现 1000 次正面的可能性依然存在，但概率就非常低了。从统计学角度来看，当抛掷的次数足够多时，正面与反面出现的概率会趋于相同，即各 50%。现在，将硬币的数量从一枚增加到 100

枚，那么 100 枚硬币同时出现正面的可能性就会更低，而要 100 枚硬币连续 1000 次都同时出现正面，这种情况只存在着理论上的可能，而且依靠直觉我们就能判断出，连续出现同一面的概率会随着硬币数量和抛掷次数的增加而趋向一个极小值，从而失去了现实的意义。

计算机领域有一个经典的悖论"猴子与打印机"（monkeys and typewriters），就很好地说明了这个问题，如果有无数多的猴子随机地打字，且持续无限长的时间，那么在某个时候，必然会打出莎士比亚的全部著作，其实根据概率，如果是一只猴子，给它 2000 亿年时间，就能打出一首十四行诗，但这对于寿命都只有 100 亿年的太阳系来说显然失去了意义。

现在，将硬币换成前面提到的分子，就能明白在自然状态下要让一杯温水重新变回冷热不均的两个部分到底会有多么不可思议，因为相比 100（10^2）枚硬币，水分子的数量更是多出了许多个数量级。在标准状态下，1 立方米空间中可容纳的气体分子数约等于 2.688×10^{25} 个，要让这么多的分子同时处于指定的运动状态（比如快分子在左，慢分子在右），这只存在理论上的可能，那么在分子的微观运动与其宏观表现之间，到底存在着怎样的关联呢？这里就要提及另一个在信息学中也非常重要的概念：熵。

熵（entropy）最初是由物理学家克劳修斯于 1854 年提出来的，该词的希腊语 entropia 意为"内在"，即"一个系统内在性质的改变"，公式中一般记为 S，由于与热力学之间存在的关联，我国物理学家胡刚复教授取 S 的发音并加上"火"字旁，从而创造出一个新的汉字"熵"。在物理学上，借助这个概念可以描述事物的混乱程度，但这个"混乱"与通常的理解有所不同。

假定有 A、B 两个小球和一个被分隔成左右两边的盒子，当我们将小球扔进盒子时，小球会随机地出现在盒子两侧，如果用 A$_左$B$_左$表示 A 球在左侧，B 球也在左侧，那么就会有 4 种情况：A$_左$B$_左$、A$_左$B$_右$、A$_右$B$_左$、A$_右$B$_右$，每种情况出现的概率各为 25%；如果两个小球相同，那么 A$_左$B$_右$与 A$_右$B$_左$就因为无法区分而可以合并（物理学中称之为简并 degeneracy），此时得到的分布结果就会有所变化：全部在左为 25%，全部在右为 25%，一左一右为 50%。现将小球数量增至 4 个，就会出现 5 种情况，相应的概率如图 1-3 所示，但两边数量相等时的概率仍然是最大的。可以预见，当小球的数量不断增加，比如增加到 1024 个之后，此时两边数量相等（即各 512 个）的情况其出现概率仍是最大的，而 1024 个小球全部在左边或者右边的概率仍最小，实际上这个概率已经小到只有 $1/10^{290}$，以至于只存在统计学意义了。

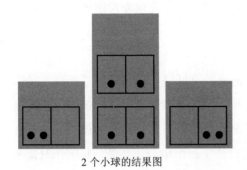

左边球数	右边球数	概率
4	0	1/16
3	1	4/16
2	2	6/16
1	3	4/16
0	4	1/16

　　　2 个小球的结果图　　　　　　　　　　　4 个小球的概率分布

图 1-3　熵及其含义的解释

　　因此，熵是基于概率论来阐述一个系统所具有的组态状况，而非单个粒子的状态描述，某种组态出现的概率越高，其熵值也就越大，而按照热力学第二定律，一个系统会天然地向组态概率高也就是熵增的状态转变，就像前面的抛掷小球一样，最可能出现的情况就是盒子两边的小球数量相等，所以这个"混乱"并非我们通常所理解的含义，而是表示系统所呈现出的某种匀质分布，在许多场合中它常常与平衡等价，比如将热水倒入冷水中，最后达到某种程度的充分混合，此时水温将不再剧烈变化，且各处的温度也趋于一致，熵接近并达到最大值，也就是最"混乱"，至于熵值如何计算，这项工作最终是由玻尔兹曼完成的。

　　玻尔兹曼公式被认为是最重要的科学方程式之一，能与其相提并论的只有牛顿的运动定律 $F=ma$，以及爱因斯坦的质能方程 $E=mc^2$。1877 年玻尔兹曼提出了这个影响极其深远的公式，在这个公式中，玻尔兹曼指出热力学运动具有"不可逆"的特性，它总会朝着熵增的方向发展。假设分子起初不均匀地分布在盒子两侧，左侧分子数多，右侧分子数少，那么随着时间的推移，分子运动会朝着概率更高的状态转化，在宏观表现上，就是盒子两侧的分子数量差不断缩减，直至最后达到某种均匀分布的平衡态，而系统此时也处于概率最高的状态，同时是熵值最大的状态。

　　因此，要让系统从概率高（熵值高）的状态，向概率低（熵值低）的状态转化，就像前面提到的让无数枚硬币从正面和反面各出现 50% 的概率，全部变为某一面（正面或者反面）一样，是几乎不可能发生的，这也被称为"时间反演不变性"（time reversal invariance）或者"时间之矢"（arrow of time）。玻尔兹曼公式对于人类乃至整个宇宙都有着非比寻常的意义，并对包括信息论在内的许多学科产生了重大影响，而这个最后镌刻在其提出者墓碑上的公式却非常简单：

$$S=k\ln\Omega$$

其中 k 为玻尔兹曼常数。

可是，对于麦克斯韦将其本人所创造出来的"妖怪"解释为分子尺度上的微观现象，因而有别于大量分子所形成的统计效应，许多科学家并不认同，认为必然存在着某种未知形式的做功。半个多世纪后，物理学家西拉德构想了一个与麦克斯韦妖类似的"发动机"，并别出心裁地设计了一个单分子系统，其工作时需要首先获取分子的状态信息，然后按照一系列步骤来驱动发动机运转，但这样会使系统的熵减少，而导致违背热力学第二定律，对此西拉德进一步解释道，因为获取信息需要能量，而这会引发熵的增加，由于其数量不少于因分子变得有序而减少的熵，所以实际上由箱子、分子和小精灵所组成系统的熵仍然是增加的。

现在回头来看，获取信息需要额外做功是理所当然的事，比如用手机来看书，点亮手机屏幕以及网络数据传输需要消耗电能，观看时滑动手指需要消耗使用者的生物能，而希拉德通过对单分子引擎（二元系统）的分析，首次提出了"信息熵""信息比特"等概念，成为后来香农信息论的重要基础，并为人类推开了信息时代的大门，但是在 19 世纪末，睿智如麦克斯韦也没能看出小妖的"观测"对"箱子-分子-小妖"系统所带来的影响，这一切要等到 20 世纪，物理学家们意识到"观察者"在量子力学中扮演的重要角色之后，信息与物理之间的关系才会得到进一步的诠释。

在西拉德之后，又过去了 50 多年，数学家贝内特（Bennett）终于以非常巧妙的方式解决了这个难题，他发现在西拉德的发动机中，每轮工作循环结束之后系统并没有真正地还原，因为小妖在判断分子运动的同时也"记录"了这个信息，它必须抹去这个信息让系统真正地还原到初始状态，才能开始下一轮的循环，而在此之前，物理学家兰道尔（Rolf Landauer）就已经指出，新增或者修改数据是无需消耗能量的，但删除数据却需要，而这个消耗的能量正好与麦克斯韦妖所创造出来的能量相互抵消，也就是说系统"热熵"的减少恰好来自小妖测量过程中"信息熵"的增加，从而维持了整个系统的能量守恒。

熵的本质是建立在概率论之上的统计效应，这一点对后来的信息熵产生了重大影响，因为任何信息都存在冗余，而冗余量的大小又与信息中每个符号（数字、字母或单词）出现的概率有关，因此信息论之父香农把信息中排除了冗余后的平均信息量称为"信息熵"。

1.2.2 薛定谔的猫

科学界有"四大神兽"，除了前面提到的麦克斯韦妖之外，还有芝诺乌龟、拉普拉斯兽和薛定谔的猫，在这"四大神兽"中，麦克斯韦妖死于信息理论的诞生与发展，芝诺乌龟面对牛顿和莱布尼茨的微积分未能幸免，拉普拉斯兽则被开尔文和海森堡的量子力学围殴致死，只剩下薛定谔的猫还在人们的争议声中孑然存活。

"薛定谔的猫"（Schrödinger's Cat）是奥地利科学家薛定谔提出来的一个思想实验，在这个实验中，假定有一只猫被放进一个封闭且不透明的箱子里，箱子里同时有一个放射性原子（衰变概率为 50%）以及一个探测装置，如果放射性物质发生衰变，探测器就能接收到衰变放射出来的粒子，然后发出信号让锤子打碎装着剧毒物质的瓶子，猫就会必死无疑，如果粒子不衰变，猫就会活着，也就是说猫的生死是由粒子的衰变所决定的。

在经典物理学中，任一时刻，无论观测者是否打开箱子，猫必然只能是处于生或死的状态之一，猫的生死与是否打开箱子并无关联，对此量子力学却有不同观点，它认为在打开箱子之前，猫既不生也不死，而是处于一个生或死的叠加态，只有当观测发生时（打开箱子），才会瞬间坍缩成一个本征态（生或者死中的一种），而这正是量子力学令人费解之处。在量子世界里，确定性消失了，一切都被概率所替代，这个过程就像人们抛掷硬币游戏，在落地之前硬币处于一个由正面和反面所出现概率（各 50%）叠加而成的状态之中，只有在落地之后才会"坍缩"（collapse）为其中的一种状态（正面或者反面）。

可是，为什么会出现这种有违常识的情况呢？这可以追溯到更早的一个科学实验。对于光到底是波还是粒子，这个争论随着光的波动说与粒子说的提出而持续了几百年，早期由于牛顿及其经典物理学所获得的巨大成功，光的波动说一直遭到压制，这种状况到 19 世纪初出现转机，英国物理学家托马斯·杨（Thomas Young）设计了一个后来被人称作"杨氏双缝干涉"的实验，在这个实验中，杨让一束光通过屏障上的两条狭缝，按照牛顿的粒子说，光会在远端形成两个亮斑，就像子弹打在墙壁上一样，可结果却出乎人们意料，因为最终形成的是一个由明暗条纹组成的干涉图样。

干涉图样是波的典型特征，生活中最常见的波就是水波。当向水中扔石头时，水面就会形成起伏交错的波浪，如果同时扔进两块石头，那么水波相遇时就会形成干涉：当波峰与波谷相遇时，它们会相互抵消，形成静止、平稳的直线；而波峰与波峰，或者波谷与波谷相遇时，就会形成振幅更大的水波，因此，杨氏实验的结果以无可辩驳的事实表明，光是波而非粒子，可纷争并没有就此偃旗息鼓。

如果将光的强度不断降低，直到每次只发射一个粒子，那会出现什么情况呢？按照粒子说的设想，这个粒子只能穿过其中一条狭缝，也就无法再形成干涉条纹，可让人们大跌眼镜的是，即便每次只发出一个粒子，竟也形成了干涉条纹，就好像这个粒子一分为二，然后同时通过了两条狭缝，最后自己与自己形成了干涉！这个匪夷所思的结果让粒子说再次遭受重挫，虽然后来的许多发现又证实了光所存在的粒子特性，但现在普遍的共识是光同时具有波和粒子的特性，即"波粒二象性"（wave-particle duality）。

因此，借助双缝干涉实验，就能很容易地明白"薛定谔的猫"试图阐释的悖论。当我们走路时遇到分岔口，就必须作出选择，这是一个二元判断问题。在传统计算机中，可以通过对诸如电压的高和低、电流的导通和截止、磁极的方向等进行抽象化，然后用 0 和 1 来模拟这个二元判断过程，其中所涉及的组合计算被称为逻辑计算，如 $A+B$、$A \cdot B$ 等，在这些逻辑表达式中虽然使用了算术运算符，但其意义有所不同，并通过"与"（AND）、"或"（OR）、"非"（NOT）等逻辑门，来实现更为复杂的逻辑运算。

现在，我们将"薛定谔的猫"实验中的衰变原子替换为双缝干涉中的粒子，并假定当粒子从左边的狭缝穿过时将触发装置而导致猫死亡，用 0 表示；当粒子从右边的狭缝穿过时将不会发生任何事情，猫将存活，用 1 表示。那么在经典物理世界中，粒子只能从其中一条狭缝穿过，也就是取 0 或者 1，与其对应的，猫必然只能处于生或者死的状态中的一种（无论是否对其进行了观察），但在量子理论中，这个粒子却诡异地同时穿过了两条狭缝，也就是说 0 和 1 同时被选择了（0 & 1），换言之，生和死同时发生，如此一来，就使得猫处于一个既不生也不死，或者说既生又死的叠加状态中。

面对两个互斥选项，粒子同时选择二者，这在量子力学中被称为叠加

（superposition）。粒子的这种量子叠加态如今已被实验所证实。1996 年科学家通过激光来轰击铍原子，最后发现一个铍原子竟然能够同时保持两种相反的运动状态，比如同时上旋和下旋，甚至可以同时处于两个位置，而且这个位置的间隔足足有 10 个原子的宽度，这种量子现象甚至在一些大分子上都能够发现，比如含有 60 个碳原子的富勒烯分子，虽然比一般的电子、光子要大出许多，但依然存在着类似的双缝干涉行为。可是，为何在宏观的现实世界中，我们却从未遇到过这种离奇的现象呢？这与信息有关。

在"薛定谔的猫"思想实验中，只要不去打开盒子，猫就一直处于生与死的叠加态之中，而一旦有人试图获取其中的信息，猫就会瞬间"选择"生或死中的一种，按照量子力学的说法，就是猫的波函数坍缩了，在这个过程中，猫的生死似乎不是被"发现"的，而是被"观察"所"决定"的，这又是怎么回事呢？

对于放射性原子而言，存在着两种状态：未衰变（用 0 表示），或者已衰变（用 1 表示），假设半衰期为 T，最初（$t=0$）放射性原子未衰变的概率最高（100%），衰变的概率最低（0%），其叠加状态可表示为（[100%] 0 & [0%] 1），那么到达半衰期时该状态就变为（[0%] 0 & [100%] 1），发生衰变的概率最高，从统计学的角度来说，此时会有一半的原子出现裂变，但至于是哪些原子会裂变，却是无法预知的，其他时刻则在未衰变（0）与已衰变（1）之间，而放射性原子就会一直处于这两种状态的叠加态之中，比如（[99.9%] 0 & [0.1%] 1）、（[98.6%] 0 & [1.4%] 1）等，衰变的可能性不断增加，直到某一时刻衰变发生。

可是，按照量子理论，微观粒子在没有被"观测"的情况下，是不会出现波函数坍缩的，也就是说会一直处在某种叠加态之中，就像"薛定谔的猫"思想实验一样，只要不对其进行观察，猫就不生不死，或者既生又死，只有在"观测"发生之后，才会"选择"生或者死中的任一纯态，可如果是这样，那么现实世界中存在的已衰变原子，就意味着一定有对象对它们进行了"观测"，否则就会像前面提到的那样，一直处于类似（[65.3%] 0 & [34.7%] 1）这样的未衰变与已衰变所叠加的状态，那这个"观测者"又是谁呢？

空气中存在着光子，物体自身也会散发光子，它们相互碰撞会形成纠缠，也就是在这个过程当中，物体的信息被传递给了环境，而当这些信息最终传递到人类的感知器官时，就形成了我们对于世界的觉知，而且这种信息纠缠哪怕在绝对零度，或者完全真空的状态下也会发生。因此，尽管不存在主观的意识，但各种

"观测"却时时刻刻发生着，并保存了自宇宙诞生以来的所有信息，而那个导致放射性原子从叠加态坍缩成纯态（未衰变或者衰变）的神秘"观测者"，就是我们身处的大自然。

所以，为何那种匪夷所思的叠加态广泛地存在于微观世界，却在宏观世界中几乎从未被发现，其原因就在于如原子般的粒子，由于尺度太小，其散发的光子数也就相对较少，因而与自然界中游离的光子相遇的几率也就越小，从而使其状态信息不易散播到周围的环境之中，换言之，就是不容易被"观测"到，因此也就能维持较长时间的量子态；相比而言，诸如猫这类人类可以觉知到的对象，由于尺度太大，就容易与环境形成信息纠缠，并因此受到来自外界的"观测"，这种由于尺度问题而导致自身信息泄露给环境，从而使其原本叠加的量子态迅速消失，并最终坍缩成某一纯态的情况，在物理学中被称为量子退相干。

"量子退相干"（quantum decoherence）是由德国物理学家汉斯·泽贺（Hans Zeh）提出来的。泽贺指出，所有宏观系统都是开放系统，而非如"薛定谔的猫"那般的孤立系统，因而必然存在着与环境的相互作用，而导致量子相干性随时间推移而消失。量子退相干现象如今已得到实验的证实，除了尺度之外，另一个和量子退相干现象密切关联的因素就是温度，因为温度越高，粒子运动速度就越快，就越有可能与环境中的各类粒子形成纠缠，从而导致波函数坍缩，比如前面提到的富勒烯分子，当分子温度不断升高之后，干涉条纹就会逐渐减少直至消失。因此，越是尺度大的，或者温度高的物体，其量子行为就越难以保持，它们的信息会流传到周围的环境，并坍缩成某一纯态，而当人类最终从大自然那里获取到这些信息时，就会形成我们的觉知，并在大脑中投射出我们所感受到的经典世界。

作为一门新兴学科，量子力学尽管仍存在许多悬而未决的问题，但现在人们大多倾向于我们所生活的世界就是一个量子世界，到处充斥着由各种概率叠加而成的不确定性，它不仅存在于微观世界，也越来越多地出现在人们所能感知的宏观世界，2020 年诺贝尔物理学奖获得者彭罗斯（Roger Penrose）就曾在他的著作《皇帝新脑（有关电脑、人脑及物理定律）》（*The Emperor's New Mind: Concerning Computers, Minds, and the Laws of Physics*）中猜测到："人的大脑可能是一台量子计算机，而非经典计算机"。

1.3　信息本体论

1.3.1　哲学的思考

对于"信息是什么"这个问题，控制论创始人诺伯特·维纳（Norbert Wirner）曾如是说："信息是我们在适应外部世界、控制外部世界的过程中，同外部世界交换的内容的名称。"在这里，"我们"作为认知主体在信息产生过程中发挥着重要作用，从这种意义上来说，不存在所谓完全客观的信息，而是必然会带有认知主体的主观知觉与判断，其过程就像"盲人摸象"一样，但信息能否就此看作一种存在，对此却众说纷纭。按照唯物主义的观点，物质是第一性，其他的都是物质的属性，或者从物质中派生而来，而且从信息的特征来看，它的首要特性就是依附性，也就是说，信息是无法脱离物质而存在的，可从前面的讨论中也可以看出，信息有它的特殊性，维纳对此指出道：

信息就是信息，不是物质，也不是能量。

普特南（Hilary Whitehall Putnam）在《理性、真理与历史》（*Reason, Truth, and History*）中曾提出一个"缸中大脑"（brain in a vat 或 brain in a jar）的假想，在这个假想中，大脑通过某个装满特殊营养液的容器与计算机相连，然后计算机模拟出外部世界并传递给这个大脑，让它感觉自己就像"真实存在"一样，那么对我们每个人而言，如何才能确认，自己就不是一个"缸中大脑"呢？这个假想是在 20 世纪 80 年代提出来的，那时候的信息技术还不够发达，可时至今日，某种意义上这个假想正在变成现实，尤其是互联网的出现，我们对世界的认知越来越多地不是来自真实的物理接触，而只是依赖计算机与网络所传递的各种信息，并由此构建出世界的模样。因此，究竟是物质产生了信息，还是信息只是依赖物质及其提供的能量，这成为信息时代一个重要的哲学议题。

古希腊的柏拉图就提出"两个世界"的说法，即理念世界与现象世界，认为前者是事物的真相，而后者只不过是人们所感知到的东西，是完美理念的一个摹本。到了近代，笛卡儿提出了"我思故我在"，试图突出理性在人类认知世界中的作用，在笛卡儿所描述的"知识之树"中，树根是形而上学，而非物质，物质的作用只是作为树干，以帮助人们到达知识的枝叶，人们对于世界的认知，也从本体论开始转向了认识论。

通常地，我们把"客观的存在"定义为独立于认知主体而能够自存的事物或者对象，比如物质，那么信息是否也是一种客观的存在呢？前面在讨论"知识之树"时曾经提到，信息是自在的，之所以需要某种介质，是为了更好地表达、传输和存储，比如"$A+B=B+A$"，无论我们是否知道、理解和记忆这串符号，它其中所蕴藏的信息都是独立于认知主体而存在的，当我们借助某种方式来描述它时，不管有形的物质还是无形的理念，比如将"$A+B=B+A$"替换为"$★+●=●+★$"，或者用实物来描述，都没有改变它的实质，所以信息依附物质只是为了交流，因此，波普尔认为世界不只是物质的世界，而是由三个世界组成的。

在波普尔的三个世界中，第一个是物理客体或物理状态的世界；第二个是意识状态或精神状态的世界，或者关于活动的行为意向的世界；第三个是思想的客观内容的世界，尤其是科学思想、诗的思想以及艺术作品的世界。波普尔承认，他所说的"第三世界"与柏拉图的理念论，以及黑格尔的客观精神有许多共同之处。为了证明自己的假说，波普尔提出了两个实验，在实验1中，除了图书馆和我们的学习能力之外，其他东西，包括所有的机器和工具，连同我们如何使用这些机器和工具的主观知识，统统都毁坏了；在实验2中，所有的一切都毁坏了，包括图书馆和我们学习的能力。通过这样的思想实验，波普尔试图表明第三世界的实在性、意义和自主程度，因为只要图书馆还在，并且我们能够学习，就能从中获取关于世界的信息，就能恢复世界毁坏前的图景。

为了进一步阐述和论证自己的观点，波普尔将传统的认知论划归到"第二世界"，因为"我知道"或者"我在想"，是认知主体的世界，而科学知识则属于第三世界，因为后者与任何认知主体是否知晓无关，更别说赞成、坚持或者行动的意向，而科学家是根据一个推测、一个主观信仰来行动的，即根据什么可望在客观知识的第三世界中发展的猜测来行动的，因此，就存在着一个由自在的书籍、自在的理论、自在的问题、自在的问题境况、自在的论据等组成的一个自在的第三世界，所以尽管第三世界是我们创造的，却基本上是自主的。以哥德巴赫猜想为例，类似这样的猜想尽管间接涉及我们的创造活动，但直接涉及的却是从我们的创造中莫名其妙涌现出来，而我们又无法控制和影响的问题和事实。

此外，作为理性的化身，科学也并非完全地客观真实，因为它是从经验中推导出来的知识，而经验又来自知觉，在《科学是什么》（*What is This Thing Called Science*）中，查尔莫斯（A. F. Chalmers）如此说道"科学是以我们所能看到、听到和触摸到的东西为基础的"，而这种借助感官得来的东西具有坚实的可靠性吗？比如我们常说的"眼见为实"，可在许多场合中，经由视觉得到的观察结果却与事实不符，一个常见的例子就是光的折射现象，当棍子插入水中之后，它就会呈现出弯折，如图 1-4 所示，对于从未经历过这种事情的人来说，比如孩童，可能会认为水把棍子"折断"了，只有在他伸手去触摸或者将棍子从水中拿出来之后，才能发现其中存在的谬误，而对于这种现象的解释，则要等到学习了光的折射原理之后才能明白，所以，只有经过不断的尝试和思考之后，人们才能从过去的谬误中逐步地接近和发现事情的真相，在这个过程中，人们会将某些方法进行归纳和总结，以解释某一类现象，这就是科学的范式，比如明白了光的折射是由于光经过密度不同的介质时，会引起入射与出射角度的偏差，就可以解释上述弯折的现象。

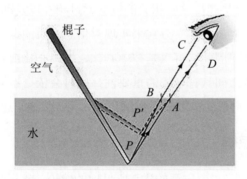

图 1-4　光的折射原理

库恩（Thomas S. Kuhn）在《科学革命的结构》（*The Structure of Scientific Revolutions*）中指出："所谓知识，就是科学共同体在某一个阶段所达成的共识，然后以这种共识作为基础，人们再从中发现新的事实。"库恩的这种科学哲学观带来了两个启示：首先，科学的结论不等同于完全的真实，而只是目前对于现象的最佳解释，从地心说到日心说，从牛顿的经典力学到海森伯格等创立的量子力学，人类对于世界的认知一直在改变；其次，由于科学是逐步发展起来的，新的范式通常建立在已有范式的基础之上，所以通过还原的方式，就可以找到一些事物的本源。

　　因此，对于信息的本质就可以在不断的还原过程中，通过回溯其在概念上，或者在遗传上，或者在谱系上的本源而得到，其潜在的假设就是存在一个独立于接收者的客体。这种"统一信息论"是等级化和线性的，由于假定所有信息存在且只存在唯一的"祖先"，因而它们之间只存在着层次上的差别。但是，由前面的案例我们就可以得知，由于信息产生的多样性，一方面从同一个信源出发可以独立发展出各种不同的结果，另一方面，同样的信息也可以来自不同的信源。

　　因此，反对者认为有些事物是不可还原的，它们在概念上或许存在着相似，但绝非同源；此外，在反还原论中，针对还原论中的"唯物"观，他们认为信息是接收者在不断的处理过程中，所产生出来的某种数据集合，它不可能独立存在，因此对于何为信息，接收者才是关键因素，但是，这种因人而异的评判标准，使得反还原论容易被人指责为唯心主义。

　　为了调和还原论与非还原论之间的矛盾，人们又提出一种折衷的观点，一方面，认同还原论中有关事物之间存在的关联，另一方面，却以分散的网络概念来取代还原论中的等级制模型。这些相关的概念通过相互以及动态的影响联系起来，从而能以类似网页的"超文本"方式来实现对信息本质的探寻。由于不必然存在一个单一的主要概念，因此它可以是被中心化、去中心化或者多中心化的。在这种情况下，各种概念之间具有平等的重要性，同时会依据不同情境而选择不同的倾向性，如此一来，信息就可以被视为解释、权力、叙事、通信、交流等概念了。

1.3.2　信息守恒律

　　从信息学角度出发，"薛定谔的猫"所呈现的悖论，就是试图在经典物理对象上保存一个由多个状态所合成的信息，如此一来确定性就消失了，并让世界陷入概率的泥沼之中，尽管"正统"哥本哈根诠释认为存在着所谓的"海森堡边界"（Heisenburg Cut），把系统分为经典尺度和量子尺度，而量子力学只适用于微观粒子，并非宏观的经典世界，但仍有科学家不满足这种说法，而试图实现微观与宏观的统一，爱因斯坦就是其中之一。

　　针对量子力学的完备性问题，爱因斯坦和两位助手波多尔斯基（Boris Podolsky）与罗森（Nathan Rosen）共同设想了一个思想实验，此即后来的"EPR佯谬"（名称取自三位作者的姓名首字母），其中指出世界是"实在"（reality）的，即存在着一个独立于观察者的客观世界，虽然这个结论来自实验和测量，但他们同时又认为，如果能够排除对于系统的干扰，并能预测一个物理量的值，那么对应这个物理量就一定存在一个客观实在，在进行相关铺垫之后，三位作者随后就提出了那个让人瞠目结舌的猜想——量子纠缠（quantum entanglement）。

按照量子理论，一个由两部分组成的复合系统，在经过相互作用后再次分离，此时它们就处于一个纠缠的状态，对其中任何一方的测量，都会影响另一方，也就是说，我们能同时获得两方的信息，这个过程就像玩猜谜游戏，将红色和绿色的小球分别放入两个盒子中，如果从一个盒子中拿出了红球，就能知道另一个盒子中必然是绿球，尽管此时另一个盒子并没有被打开，但量子纠缠的神秘远不止此。

假定这个复合系统由两个粒子组成，粒子分离后各自向不同的方向飞去，根据量子理论，这两个粒子将处于互补的叠加态之中，比如同时自旋向上与自旋向下，或者同时垂直偏振与水平偏振，等等，如果用 0 和 1 来表示这种互补态，那么最初两个粒子都处于 0 和 1 的叠加态，直到某一时刻，当我们对其中的一个粒子进行"观测"，它才会从 0 和 1 的叠加态中，立刻"选择"为某一纯态（比如 0），而几乎在同一瞬间，与其产生纠缠的另一个粒子仿佛也"知道"了这一切，也立刻作出了"选择"，并坍缩成另一种互补的纯态（比如 1），这种作用同时发生，中间不会有任何间隔，哪怕这两个粒子横跨了无数个光年、身处宇宙两端时也是如此，爱因斯坦因而称之为"鬼魅般的超距作用"，就好似有某种远超光速的通信，能让它们互通信息，可按照狭义相对论的观点，任何物理效应都不可能以超越光速的方式来传递信息，此即"定域性"（locality）原则，爱因斯坦因而认为量子力学是不完备的。

作为一个人类的思想实验，量子纠缠后来得到了实验的证实，物理学家阿斯派克特（Alain Aspect）首次目睹了这个鬼魅般的超距作用，随后全球各地的科学家们不断重复上述过程，确定了量子纠缠的真实性，但由其所引发的猜想却并未就此停歇。根据退相干理论，宇宙中的信息是守恒的，它不会被创造，也不会被湮灭，只会在不同的介质中传递，因此我们可以根据现有的信息来推测过去发生的事情，进而探究生命乃至宇宙的起源，而这也是法国数学家拉普拉斯（Pierre-Simon marquis de Laplace）所假想的拉普拉斯兽试图完成的工作，对此他说道：

我们可以把宇宙现在的状态视为其过去的果以及未来的因。如果一个智者能知道某一刻所有自然运动的力和所有自然构成的物件的位置，假如他也能够对这些数据进行分析，那宇宙里最大的物体到最小的粒子的运动都会包含在一条简单公式中。对于这智者来说没有事物会是含糊的，而未来只会像过去般出现在他面前。

信息守恒是拉普拉斯的设想得以实现的根本前提，因为物质每时每刻都在与外界形成信息与能量的交换，这些物质的任何变化都会存储于时空当中，所以拉普拉斯兽才能够通过识别环境的细微变化，来推断出事件乃至宇宙的过去与未来，因而信息守恒也就成为了"决定论"这一世界观的重要基石，它维护了整个世界的因果关系，所以对于信仰完备定律和秩序的爱因斯坦而言，"上帝是不会掷骰子的"。

因此，信息是有别于物质的另一种存在，它散播于整个宇宙，帮助我们感知与认识世界，除此之外，我们还能借助信息来改变世界，比如元素周期表。科学范式是由文字和符号组成的抽象信息，它来自人们对于以往经验的归纳与总结，同时又指导着人们去探索和发现新的世界，从早期拉瓦锡将物质分成气体、金属、非金属矿物和稀土四组，人们根据各种实验数据，不断地尝试找出原子量和元素性质之间的关系规律，经历了几十年的不懈探索，这些成果终于汇集在门捷列夫发表的"元素周期表"当中。

依照这个周期表，人们成功地推断出当时还未发现的元素及其性质，比如门捷列夫当时将铝（Al）的右侧留给某种未知金属，并预言它的相对原子质量为68，密度为5.9g/mL，熔点很低，性质与铝相似；后来法国化学家布瓦博德兰（Lecoq de Boisbaudran）证实了这个预测，这就是化学元素镓（Ga），而且它的真实性质与门捷列夫的预言相差无几——相对原子质量为69.72，密度为5.904g/mL，熔点是29.76℃，这是人类历史上第一个经由理论预言，并最终在自然界发现并证实的元素。更重要的是，根据其中的规律，人们在实验室中制造出了自然界中原本不存在的元素，比如2016年国际纯粹与应用化学联合会（International Union of Pure and Applied Chemistry，IUPAC）宣布的第113、115、117和118号元素，都是科学家在实验室中合成的。

因此，尽管没有形成普遍的共识，但对于物质与信息之间的关系，以及信息的本体地位，随着科学尤其是物理学的进展而引发了人们越来越多的思考。"实体"的概念最早可追溯到亚里士多德，他在《形而上学》中指出："实体就是固定不变的，可作为其他东西的主体、基础、原因、本质，并先于其他东西而独立自存。"

到了近代，化学家、物理学家道尔顿（John Dalton）所提出的原子理论为现代物质结构理论铺平了道路，虽然这种理论在 19 世纪受到了巨大冲击，比如发现了比原子更小的基本粒子，使得原子不再作为组成物质的"宇宙之砖"，但道尔顿的理论仍受到了许多科学家的推崇。不过随着相对论与量子力学的提出与发展，"实体"所具有的原初含义遭到了越来越多的挑战，物质不再是那种由粒子组成的、具有静止质量的"实在"，而由具有能量和动量的场所替代，对此爱因斯坦阐述道：

我们不能把物理学只建立在纯粹是实物的概念基础上，但是在认识了质能相当性以后，实物和场的截然划分就有些牵强和不明确了。我们是否能够放弃纯实物的概念而建立起纯粹是场的物理学呢？我们的感觉器官作为实物来感受的东西，事实上只不过是大量的能集中在比较小的空间而已，我们可以把实物看作空间中场特别强的一些区域，用这种方法就可以建立起一种新的哲学背景。

相对而言，信息则是另一种存在，有学者将物质称为直接存在，而将信息称为间接存在，这个"间接"指的是信息作为物质这一直接存在的显现方式，而从相对论和量子力学的角度出发，尤其根据退相干理论，我们对于物质的觉知来自所能获取的信息，就像"盲人摸象"，每个人都基于各自的感知来得出结论，因此物质就有两种存在形式：一种是对象本身的性质；另一种是对象在我们意识中所呈现出来的性质，后者与哲学上对于物质的思考存在着相通性，就如恩格斯在《自然辩证法》中所言：

作为物质的物质是纯粹的思想创造物和纯粹的抽象。

在这里，物质不再只是某种或某几种具体的客观实在形式，而是包括了一个映射着它自身属性的"全息"对象。所谓"全息"，就是对象的任一部分都包含了整体的信息，比如全息照片，无论将其分割成多少片，都能从其中任一碎片中找到照片的完整影像，因此"全息理论"（holographic theory）就是研究事物间所具有的全息关系的特性和规律的学说。全息律表明个体与群体之间存在着深刻的关联，促使人们将其引申到各种领域，比如物理学家大卫·玻姆（David Bohm）就运用该理论来解释量子纠缠中的"超距作用"。

今天，我们可以在许多领域都看见全息理论的身影，虽然其中也不乏牵强附会和主观臆断之说，但仍然带来了许多启发，比如"宇宙全息论"（cosmic holography）就认为："在宇宙整体中，各子系与系统、系统与宇宙之间全息对应，凡相互对应的部位较之非相互对应的部位，在物质、结构、能量、信息、精神与功能等宇宙要素上相似程度较大。在潜态信息上，子系包含着系统的全部信息，系统包含着宇宙的全部信息；在显态信息上，子系是系统的缩影，系统是宇宙的缩影。"也就是说，包括人类社会在内的所有系统，当它们在从低级向高级、从简单到复杂的各种演化过程中，信息会始终贯穿其间。

"太阳底下无新事"，从全息论的角度来看，任一局部都包含整体的信息，同时又服从整体的规律，因而可以相互引申与推演；进一步地，如果整个宇宙源自一个"大爆炸"，那么在 137 亿年（宇宙诞生）之前，又有什么东西存在呢？或许那就是信息，而此后天地万物的各种演化早已蕴藏于其中了。

第 2 章　信息论与熵

2.1　香农与信息

2.1.1　通信中的关键问题

　　"communication" 的词根 "communicate" 源自拉丁文 "communicatus"，原本是指人们聚在一起来使用和分享各种服务和职能并使其公共化，进一步引申为相互分享和交流的公共社区，因此 communication 在英文中同时有通信和交流的意思。在通信和交流的过程中，信息从发送者出发，通过媒介传递到接收者，因此如何正确、完整地传递信息，成为整个通信的关键问题，其中涉及了信息的编码和传送的媒介。

　　在人类社会早期，由于活动地域有限，大多生活在 "face to face group" 的熟人社会，彼此的生活习俗相通，因此日常交流主要依靠面对面的方式，成语"耳提面命"出自《诗经·大雅·抑》的"匪面命之，言提其耳"，其中就描绘了这样的一种生活场景。这种交流方式由于传递渠道的多样性，让信息能够以复合化的方式进行呈现，从而使得交流能更为丰富、饱满和准确，老舍在《骆驼祥子》中说道："人间的真话本来不多，一个女子的脸红胜过一大段长话。"其中"脸红"就是一种面对面交流的复合化表达，在这里信息因为有了多种传送的管道，所以文字乃至语言本身不再是必须。

　　但是，这种方式存在误传的可能，尤其在经过多人传递之后，甚至会出现南辕北辙的情况，现代综艺节目中的"传声筒"游戏，参与者由于受到规则约束，只能使用肢体动作而不能说话，使得传递的信息逐渐失真，虽然只经过三四个人，但每个人的差之毫厘，累积起来就会使最后的答案谬以千里。所以，当人类活动疆域扩大之后，远距离通信需求开始出现，过去面对面的复合化表达也因此不再适用。因此，选择相对客观、简易且信息承载量较大的方式，以消除因为传递手段和媒介所导致的歧义，对于人们成为比远距离通信更重要的要求，而文字就是在这样的历史背景下出现的，费孝通在《文字下乡》中如此阐述道：

文字发生之初是"结绳记事"，需要结绳来记事是因为在空间和时间中人和人的接触发生了阻碍。我们不能当面讲话，才需要找一些东西来代话。在广西的瑶山里，部落有急，就派人送一枚铜钱到别的部落里去，对方接到了这记号，立刻派人来救。这是"文字"，一种双方约好代表一种意义的记号。如果是面对面可以直接说话时，这种被预先约好的意义所拘束的记号，不但多余，而且有时会引起误会。

因此在文字出现之后，由于其相对于口信更为可靠，逐渐成为了早期远距离通信的最主要方式，并对维护社会的正常运作起到重要作用。可正如费孝通所言，文字也存在着不足，其指代的含义依赖于共同的约定，因而需要相同的认知背景和人生经历作为基础，通过联想才能得以解析与洞察，因而文字有一种天然的简化倾向，对于具有不同经验的人，它会抽取其中共同的部分，从而确保彼此能够相互理解。几千年后，作为信息论的重要哲学基础，人们则进一步地试图将意义从远距离的通信中剥离，而使其呈现的只是无差别的信号。

相比而言，口语是个体当下的即时表达，文字则具有延时性并依赖于记忆，因而能将群体的过去保存下来，历史感因而孕育其中，因为每个人的当下都是由自身的过往与族群的记忆投射而成，所以文字具有将不同时空联系起来的能力。可是，书信相比口信虽然减少了以讹传讹的可能，但也并非不能被篡改，成语"信口雌黄"出自《晋阳秋》，故事的主人公是晋朝的清谈家王衍，王衍生性好与人辩驳，但言多必失，有时竟至自相矛盾；当时人们习惯用黄纸写字，写错了就用也是黄色的雌黄（主要成分是三硫化二砷，橙黄色，半透明，常用来制作颜料）来涂抹更正，因此人们就用"信口雌黄"来形容王衍，对于自己说过的话，就像用雌黄涂改文字一样，可以随意地更改。

除了口信与书信，早期的人们还发明了其他远距离信息传递的方式，比如烽火、灯塔、飞鸽等，但这些方式大多受到自然因素的限制，使其传递信息的准确和效率不尽人意。此外，音乐、绘画、舞蹈、雕塑、建筑等，因其编码形式的不同，也呈现出涵义各异的多样信息。在这些形式中，又以雕塑、建筑最为特殊，因其存储介质的不同，从而能历经岁月沧桑和朝代更迭而长存不变，后人因此能从中一窥文化的历史与变迁。

信息有多种不同的编码形式，有些只存在于自然界，比如树木的年轮，人们不仅可以得知树龄，而且还发现树木的年轮与温度、降水、太阳辐射、CO_2 浓度等气候因子有着复杂的关系，有助于我们了解气候变化的历史；有些只存在于人类社会，比如壁画，它记载着人类早期的活动状况，能够帮助我们更好地了解文明的起源；有些则二者兼而有之，比如舞蹈，许多节肢动物、鱼类和鸟类都会通过舞蹈来吸引异性以获取交配权，而对于人类而言，舞蹈中所蕴含的意义从原初的生物性领域，逐渐延伸拓展到社会性领域。

进入近代，随着科学技术的不断发展，新的通信方式也在不断地被发明出来。18 世纪末，法国的查佩兄弟俩在巴黎和里尔之间架设了一条 230 千米长的托架式线路，这个线路由 16 个信号塔（图 2-1）组成，采用接力的方式来传送信息。在这个通信系统中，每个信号塔的顶部上竖有一根木柱，木柱上安装一根水平横杆，人们可以使木杆转动，并能在绳索的操作下摆动形成各种角度，同时水平横杆的两端安有两个垂直臂，也可以转动，这样每个塔通过木杆可以构成 192 种不同的构形，附近的塔用望远镜就可以看到表示 192 种含义的信息，并依次传递下去，在当时的自然条件下，这种方式可以在 2 分钟之内完成一次信息传递，并成为现代通信系统的雏形，但这种新型通信方式在当时还要面对一些非技术性问题，比如架设在野外空旷处的信号塔经常会被心存疑虑的村民破坏甚至焚毁，不过一些存在于现代通信中的关键问题也就此开始初现端倪。

图 2-1　托架式信号塔

　　早期信号塔的悬臂可以形成 7 个角度，相邻之间相差 45°，之所以不是 8 个角度，是因为其中一个会与横梁形成干扰，同时横梁也可以设定两个角度，如此一来，就一共表示 98 种信号组合（7×7×2），最初人们就利用了这种基本组合，再通过成对使用等方式，最后形成了一个特定的数对，这个数对对应着一个码本的页数和行数，而这个码本最多时收录了 8000 多条条目，囊括了字词、音节以及部分专有名词，如此就可以传递较为复杂的信息了。但是，解决了编码问题并没有使这种通信方式大放光彩，因为一旦信息从出发地到目的地之间经过的中继太多，就必然会出现信息失真的情况，就像玩"咬耳朵"（from ear to ear）游戏一样，经历的人越多，传递的内容就越容易走样，而这也成为后来电子通信中的主要问题，即信息的编码以及传输的可靠性问题。

　　1837 年，美国画家莫尔斯设计的电码面世，它借助电流来传输电磁信号，以克服查佩兄弟的信息传递模型中的不足，同时针对信息编码的可靠性问题，莫尔斯电码利用了"点""划"和"间隔"的不同组合来表示字母、数字、标点和符号，并于 1844 年 5 月 24 日亲自操纵着发报机，将世界上第一份电报从华盛顿国会大厦联邦最高法院会议厅发送到 64 千米外的巴尔的摩城，一个新的通信时代就此开启。

　　可是，信息传递的可靠性问题并没有就此消除，比如在一个日常的商业电报中，按照码本约定被简写为 BAY（原文是 bought，意为"已买"），到达接收人时却变成了 BUY（意为"要买"），并由此引发了一个长达 6 年的官司，最后美国最高法院作出裁定，要求今后在使用电报时，接收方必须复述一遍发送方的内容，以确保信息的正确无误，而这种方式也被后来的通信模型所借用，二次甚至多次"握手"（handshake）成为了现代通信可靠性的重要保障，其机制如图 2-2 所示。

　　信息的另一个可靠性问题则与信道有关，即信息的可达性。"误付洪乔"这一典故出自《世说新语·任诞》，讲的是一位名叫殷羡（字洪乔）的晋朝官员离任，于是不少人托付他带信回家乡，当他到达石头城的地方时，却将所有的信件都扔进了河里，并说道："沉者自沉，浮者自浮，殷洪乔不能作致书郎。"进入信息时代，为了避免出现"误付洪乔"那种单一通道所带来的通信风险，人们采取了广播式的冗余发送，如此一来，哪怕某一条通道出现了故障，也能保证信息的送达。

　　除了保证信息内容的准确性，远距离通信中还需要确认收发人的身份。在熟人世界，当有人敲门时，即便对方回答的只是一个简单的"我"，都能够让我们确认其身份，但远距离通信尤其是现代的通信方式，主观因素（如声音、笔迹等）被尽可能地剥离，并发展出了一套更为复杂的身份验证方式，IP（Internet Protocol，网际互连协议）地址就是其中之一，它有点类似我们寄信时的家庭住址，每个终端在接入互联网时都会被分配一个唯一的 IP 地址，从而保证了信息的正确送达。不过与真实的物理地址不同，IP 地址只是一个逻辑地址，因而存在着伪装的可能，即"IP 地址欺骗"（IPaddress spoofing），所以在网络通信中还会借助口令验证等方式来避免此类情况的出现，而前面提到的"握手"机制，也可以实现对于网络节点的身份验证。

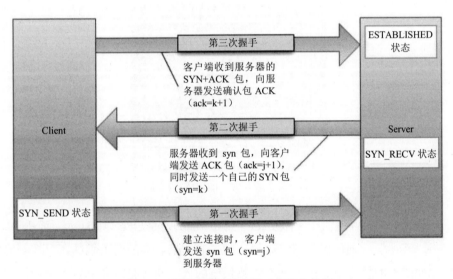

图 2-2　现代网络通信中的"握手"机制

2.1.2　维纳的控制论

系统论（systematology）、控制论（cybernetics）、信息论（informationtheory）被并称为二十世纪现代科学技术的三大理论，人们将其简称为"SCI 三论"，而其中的控制论被认为是继相对论和量子力学之后，现代科学取得的又一项重大成就。

1948 年，被称为"控制论之父"的诺伯特·维纳（Norbert Wiener）出版了其具有划时代意义的著作《控制论：或关于在动物和机器中控制和通信的科学》（*Cybernetics: or, Control and Communication in the Animal and Machine*），其中的

"cybernetics"一词，现在常常作为前缀"cyber"而出现，一般将其译为"赛博"，代表与互联网或计算机相关的事物，比如 cyberspace、cyberworld、cyberculture 等，该书第一版的封面如图 2-3 所示。

图 2-3　第一版《控制论》封面

"cyber"源自希腊语"kybernan"（kubernan），意思是"掌舵人、舵手"。可是，将"赛博"一词仅仅与网络虚拟空间关联起来，却削弱了维纳在《控制论》中所想要阐述的核心思想——拥有生物系统的人，其实有着和机器类似的反馈机制，人可以像机器一样被控制，而机器通过学习，也可以像人一样。维纳认为任何媒介，无论是有生命的还是人工的，其中都包含信号，而通信则是宇宙中的普遍作用，因此将其著作的大标题译为"控制论"，这本身就存在着一些争议，因为在这本著作的副标题中又出现了另一个更符合通常意义上的控制一词：control。因此有人提出，将 cybernetics 译为"机械大脑论"更为贴切，至少能更好地表达维纳理论的核心思想。

在维纳的构想中，机器可以具有完美的自适应性，并通过控制、反馈与闭环而形成一个自洽系统，从而实现某种意义上的自我改善与进化，这一点可以从维纳对于"控制"的定义中看出端倪，在《控制论》一书中，维纳如此说道：

　　为了改善某个或某些受控对象的功能或发展，需要获得并使用信息，以这种信息为基础而进行通信并作用于对象，就叫作控制。

　　在这个定义中，首先它以"改善"这一具有普适特点的词语作为出发点，使得控制论能够横跨众多学科领域而发挥出重要的作用，如工程学、数学、生物学、心理学、社会学、哲学、人类学、政治学等，都能从中看到控制论的影子，时至今日，控制论更是与人工智能、神经科学、纳米技术等深度结合，深刻影响着人类社会的未来。

　　其次，定义中强调了信息的作用，以及信息的使用方式，从而为后来的通信技术发展，乃至信息时代的到来奠定了基础，正因为如此，至今仍有学者认为维纳才是真正意义上信息时代的开创者。

　　与计算机的发明类似，控制论也始于第二次世界大战（简称二战），是为战争而设立的研究项目。机器与控制息息相关，这是《控制论》的核心与要点，在书中维纳对机器的未来进行了大胆的预测，认为它不仅能思考和学习，并会变得比人类更聪明，维纳对此评论道："由于人类能够构建更好的计算机器，并且由于人类更加了解自己的大脑，计算机器和人类大脑会变得越来越相似。"他甚至还进一步地表示："人类正在以一种极度夸张的方式，以人类自己的形象重塑自己。"同时考虑到宇宙受到热力学第二定律这一普适法则的制约，会天然地朝着无序、不稳定和退化的状态演进，阻止或者转变这种状态就需要控制，因为控制能够与环境交互进而产生塑造环境的能力，因此维纳认为控制论的本质就是：

　　生命个体的物理机能和一些新式通信机器的操作，在它们通过反馈来控制熵等类似的尝试方面，恰恰是平行的。

　　这里维纳提到了控制论的第二个要点：反馈。在控制论中维纳认为反馈是"能够使用过去的性能来调整未来行为的一种属性"，因此只要过去的信息正确，就能为控制的正确性提供保证，而这也成为后来大数据时代的特性之一：只要原始数据正确，那么按照预设的算法，就能得到期望的正确结果。

　　反馈是控制论的基本概念，是指将系统的输出返回到输入端并以某种方式改变输入，进而影响系统功能的过程，其中分为负反馈和正反馈。负反馈使输出起到与输入相反的作用，其目标是使系统输出与系统目标的误差减小，并最终趋于稳定；正反馈使输出起到与输入相似的作用，使系统偏差不断增大，使系统振荡，可以放大控制作用。对负反馈的研究是控制论的核心问题，一个较为常见的负反馈调节的例子就是老鹰抓兔子。

老鹰抓兔子，不但能准确抓到固定不动的兔子，甚至连飞速躲避的兔子都能捕获，其原因在于，老鹰不是按照事先计算好的路线飞行，而是在发现兔子后，用眼睛估计自己与兔子之间的大致距离和相对位置，然后选择一个大致的方向向兔子飞去。在这个过程中，眼睛一直盯着兔子，不断报告大脑兔子的位置，不管兔子怎么跑，大脑做出的决定都是为了缩小老鹰与兔子之间距离的差距，这种决定通过身体肌肉与翅膀来执行，它们随时改变老鹰的飞行方向，使老鹰与兔子的距离越来越小，直到差距为零，其控制与反馈的方框图如图 2-4 所示。

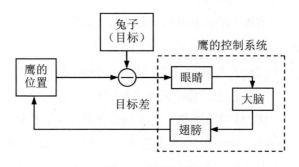

图 2-4　控制与反馈

有了控制与反馈，人与机器就能形成一个有机的整体，即伺服系统（servomechanism）。伺服（servo）一词源于希腊，原意是指奴隶，因此伺服系统就是指系统跟随外部指令进行人们所期望的运动，而其中的运动要素包括位置、速度和力矩等物理量。在伺服系统中，人类与机器可以高度融合，维纳甚至采用了拟人化的方式来对其进行描述：开关对应神经突触，线路对应神经，网络对应神经系统，传感器对应眼睛和耳朵，执行器对应肌肉，等等。因此，当一个机械设备融入人体系统之后，无论是替代方式，比如人造器官，还是拓展方式，比如机械手，都能形成一个新的系统，从而弥补自身的缺陷或者带来超出其自身生物极限之外的能力，从而形成一个闭环反馈。

在通常情况下，人们认为系统和环境之间存在着本质差别，比如人和斧头，但在控制论中，它们之间的界限被模糊了，同态调节器的发明者阿什比（W. Rose Ashby）就认为，它们就是一个有机体和环境所形成的整体：

如果愿意，你可以任意安排它，让一个单元部件尝试控制其余三个单元部件，即用一个小型大脑控制周围的大环境；或者让三个单元部件尝试控制另外一个，即用一个大型大脑控制周围的小环境。

这个观念太具革命性，它的提出使生物系统不再局限于物理化学的范畴，而可以延伸到任何环境当中，因此环境成为影响有机体产生变化的变量，以及反过来受到有机体行为影响的变量，两者有着错综复杂的关联。比如，当一个伐木工使用斧头砍树时，那么斧头可以看作是人体神经系统控制的物料（外部的），也可以看作是自身"生物物理机制"的一部分（内部的）。现在，这种环境的"无差别"看法正在成为一个现实，比如脑机接口，通过在人的体内置入芯片，生命与非生命系统之间的界限就会进一步模糊甚至消失。

在控制论看来，所谓"真正有生命的机器"，可以是电子的、机械的、神经系统的、社会的或者经济的，所以机器崛起只是一个时间问题，这也是让许多人忧心忡忡的问题，因为当机器具备智能之后，尤其具备自我复制、进化甚至生产能力的时候，它们将会置人类于何地？因此许多科学家都表示，应当审慎地发展机器的控制能力，尤其是机器智能。

控制论有四大核心原则：普遍性原则、智能性原则、不确定性原则和黑箱方法。

（1）普遍性原则。任何自治系统都存在相类似的控制模式，普遍的机械化及自动化的观点。从有机体到社区到文明再到宇宙，这些都是控制论所管辖的领域。

（2）智能性原则。控制论没有从物理、化学或者生物的角度，而是从信息、通信和反馈的角度来看待系统，而这些又普遍存在于人类社会、其他生物群体，乃至无生命的物体世界中，因此控制论认为它们都是有生命力的，比如计算机与神经系统，控制力与精神病理学，法律与通信，社会政策与通信，等等。

（3）不确定性原则。大宇宙、小宇宙的不完全秩序产生目的论和自由，建立在统计理论基础上的控制论认为系统是不确定的，这一点与量子力学的观点不谋而合。

（4）黑箱方法。与功能主义不同，控制论强调了是系统与环境之间的通信问题，关注的是输入与输出之间的关系，而不去考虑其内在结构域的组织关系，以及它们是如何完成一系列任务的，这种方法对许多学科的发展带来了革命性的影响，比如心理学家，再也无需过多地关注心智是什么，而只需要将注意力放在输入与输出上。

控制论的出现，开启了人类社会的自动化时代，在自控系统中有许多复杂方法，其中有三种是基本的控制方法，即随机控制、记忆控制与共轭控制。

（1）随机控制。随机控制一般用在对对象一无所知或所知甚少的情况下，在随机控制过程中，系统的可能性空间只有在达到目标值时才缩小，这与枚举法有些类似，因为枚举法只有枚举到目标值时，控制才会起作用，正因为如此，随机控制会比较耗时，对计算速度或实时性要求较高，并且当目标不在枚举库里时，随机控制也是无效的。

（2）记忆控制。记忆控制就是针对随机控制的缺点而提出来的，它让随机控制具有记忆能力，对于那些已经排除的选型，记忆控制不会在下次枚举时重新比较，此外，随机控制和记忆控制均需要适当考虑控制顺序，对那些可能削弱控制能力的状态不应该最先尝试。

（3）共轭控制。当人们要扩大控制范围的时候，通常要用到一种叫共轭控制的方法，这种方法并不涉及某一具体工具的发明，但却包含了一切工具的控制原理，比较典型的例子就是曹冲称象。由于无法直接测量大象的重量（这一过程称为 B），于是就把大象的重量先转换成石头的重量（这一过程称为 L），然后测量出石头的重量（这一过程称为 A），最后由石头的重量就可以得到大象的重量（这一过程称为 L'），整个流程可以表示如下：

$$B = LAL'$$

LAL' 即 A 过程的共轭过程，通过 L 和 L'，可以大大扩充过程 A 的控制范围，所以如果无法直接做到 B，但是可以做到 A，那么可以先将 B 转换成 A，然后实行 A，最后又将 A 转换成 B，在这个变换过程中，形象思维被抽象思维所替代。

作为第二次工业革命的推动者，维纳清醒地认识到了控制论中所蕴含的力量，一方面，人类通过机器能够实现对环境、生活或者其他机器的更多的控制；另一方面，当机器发展到一定阶段之后，尤其是具有某种智能之后，它也能实现对其自身，乃至其他机器的控制，进而控制整个人类社会。因此，对于那些简单的、标准化的、程式化的工作，脑力也必然会出现贬值，而科技发展到今天，人类社会在经历了机械化、电气化、自动化之后，如今正站在控制论的肩膀上，并迎来了第四次工业革命，也就是智能化时代的到来，因此对于维纳及其控制论的历史地位，有人认为控制论是这个世界赖以建立的基础，而物质仅仅是冻结的信息，从这个角度来说，可以认为世界乃至宇宙都是建立在信息基础之上的。

2.1.3　信息论

尽管人们通常都将香农称作"信息论之父"，但也有人对此提出了异议，因为对于什么是信息，香农除了给出一个具有统计意义的概念之外，并没有给出其他更具普适性的定义说明，同时审慎地表示："在一般信息理论的领域中，'信息'这一词语被不同的作者赋予了不同的含义……但是，很难期望某个单一的信息概念，能够令人满意地对一般性领域中的各种可能的应用做出说明。"更重要的是，信息量这个关键概念，最早也是由"控制论之父"维纳提出来的，而非香农，所以时至今日，仍有许多人认为香农提出来的是通信理论，而不是信息理论，但无论如何，人们通常将香农于 1948 年 10 月发表于《贝尔系统技术学报》（*The Bell System Technical Journal*）上的论文《通信的数学理论》（*A Mathematical Theory of Communication*），作为现代信息论研究的开端。

"信息"一词作为科学术语最早出现在哈特利（R.V.Hartley）于 1928 年撰写的《信息传输》（*Transmission of Information*）一文中，1927 年夏天在意大利科莫湖畔举办的一次国际会议上，哈特利作为一名心理学家提出了自己的观点，他认为"信息"一词在日常使用中的弹性太大，因此需要"排除心理因素的影响"，而用"纯粹的物理量"度量信息，为此就需要一些明确的、可计数的东西，而不论它是通过电线、面对面说话、文字或者别的什么途径实现的，这与后来维纳提出的观点有些相近，即把交流视作通信，而无论讯息是用什么方式进行传递的，同时哈特利还给出了一个信息量的计算公式：

$$H = n\lg s$$

式中，H 表示讯息的信息量；n 表示被传输的符号数；s 表示符号集的大小，在"点 - 划"系统中（比如电报），s 为 2，而在用不同符号分别表示词典中一千个单词的系统中，s 为 1000。同时单个字符的信息量与字符集的大小并不是正比关系，而是对数关系，因此要想使单个字符的信息量翻番，就需要使字符集增至原先大小的平方。尽管哈特利的论文在当时没有受到重视，但还是有人吸收了其中的部分洞见，这个人就是香农。当时香农在贝尔实验室工作，他与图灵做过同事，两人都试图在编码上有所突破，只不过图灵是把指令编码成数，将十进制数编码成 0 和 1，而香农是对基因、染色体、继电器和开关进行编码，它们之间的共同点在于，都是将一类事物映射到另一类事物上（比如，代数函数与机器指令，逻辑运算符与电路），也就是找出两类事物之间严格的对应关系。

在研究密码学的过程中，香农发现冗余可以辅助理解，但是缩减其中的篇幅并不会影响原意，尤其是在英文中存在着概率很高的组合搭配，比如 q 和 u，下面这句话：If u cn rd ths，相信绝大部分人都能将其复原成原文 "If you can read this"，香农就此估算英语的冗余度大约是 50%，那么从统计学角度出发，就能破解密码。

比如只要找到字频最高的符号，就能确定它必然是字母 e，因为 e 是英文中最高频的字母，然后依此推断出其他的符号。香农从最宏观、最一般和最理论的视角审视这个问题，认为一个密码系统可以看作由以下几个部分构成：有限数量（虽然数目可能很大）的可能讯息、有限数量的可能密文，以及用于两者相互转换的有限数量的密钥，每个密钥都有相应的出现概率。在这个过程中，香农首次使用了一个影响人类社会至今的词语：信息论。

要为信息建立理论，香农认为首先要去除其 "意义"，这里就可以看到哈特利的影子，即排除信息中的 "心理因素"，而将注意力集中在 "物理" 层面。可如果信息被剥除了语义，那会剩下什么呢？这就是香农对于信息的定义：信息就是不确定性。同时香农还指出，这个不确定性可以通过统计的方式加以度量，如果仅有一条可能讯息，那么不确定性就不存在了，此时信息量就为 0，比如我们猜一个四字成语，如果没有任何限定，那么理论上这个答案是无穷多个；如果作了某种限定，比如预先给出了第一和第三个字，那么答案就会缩减到几十上百个，比如将其限定为 "不□而□"，答案就会只局限在这些成语当中：不一而足、不劳而获、不战而胜、不约而同……；如果再进一步，预先给出了三个字，比如 "不寒而□"，那么这个答案就是确定无疑甚至是唯一的。

与通常的理解不同，一般人会觉得通信的目的是使自己的意图被理解，能够传递意义，但香农却从工程的角度提出了自己的看法，他认为：

通信的基本问题是，在一点精确地或近似地复现在另一点所选取的讯息……这些讯息往往带有意义，也就是说，根据某种体系，它们指向或关联了特定的物理或概念体，但通信的这些语义因素，与其工程学问题无关。

其中指明了两个问题，首先，通信的双方可以在空间或者时间上相分隔，而不再局限于面对面；其次，讯息不是创造而是选取出来的，一条讯息就是一个选择。随后香农给出了一个通信系统模型，如图 2-5 所示，其中包括了以下 5 个要素。

（1）信息源：产生讯息的人或机器，这里的讯息可以是简单的字符序列，也可以是表述成时间及其他变量的函数，比如 $f(x,y,t)$。

（2）发送器：对讯息进行编码，比如电报将字符编码成点、划和停顿。

（3）信道：传输信号所使用的媒介。

（4）接收器：执行发送器的逆操作，对讯息进行解码。

（5）信宿：位于通信另一端的人或机器。

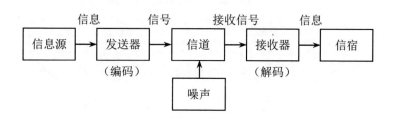

图 2-5 通信系统模型

与此同时，另一个非常重要的概念也被香农提了出来，那就是信息熵。香农认为对于信息的量度是一个概率函数的问题："作为信息、选择和不确定性的量度，这个形式的量将在信息论中占据核心地位。"同时香农吸取了哈特利提出的公式，然后给出了有关信息熵的计算公式，其中 P_i 是讯息出现的概率，并以比特（bit）作为单位：

$$H(x) = -\sum P_i(x)\log_2 P_i(x)$$

"信息论"的提出对于世界的影响是巨大的，因为在生物、社会等不同的研究领域中，如何表述和衡量其中的作用机制，成为了跨学科交流的重大障碍，如果把神经冲动视为"物理-化学事件"，就难以在社会领域应用它，但是如果将其视为一个符号或者信号，就能跨越不同学科之间的鸿沟，而能够相互地沟通与理解。因为按照香农的定义，信息就是某种从一点被传送到另一点的东西，其中不包含任何特定意义，正因为如此，"信息"一词的应用领域就被无限扩大了，任何事物，而不仅仅只是人或者有机生命体，万物都可以传递信息，比如机器与机器之间，而这正是维纳所描述的基于控制的世界。

　　"信息中不包含意义"，香农的这个提法具有革命性的意义，就像牛顿统一了天上地下的运动规律，麦克斯韦统一了电磁力，香农的信息论使得不同学科的融合成为了可能，如图 2-6 所示，化学家、生物学家、社会学家、语言学家、经济学家、心理学家……，突然发现都可以使用一个共同的词汇来表述自己领域的知识，同时还能得到别人的理解，那就是"信息"。

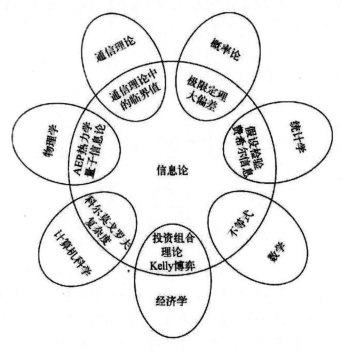

图 2-6　信息论与其他学科

2.2　为什么是 2

2.2.1　无所不在的 0 与 1

　　为了解决麦克斯韦妖的问题，西拉德在构想的解决方案中让小妖通过回答"是或否"来判定分子的位置，其中所涉及的二元运算，后来成为信息论的重要基础，而二元运算中所蕴藏的矛盾与统一思想，则存在于整个世界。

　　马克思主义哲学中有三个基本规律，即：对立统一规律，量变质变规律，否定之再否定规律。这三个规律一起推动着人类社会螺旋般地向前发展。在这三个规律中，对立统一规律对应着矛盾律，作为逻辑学中的三大基本定律之一（另两个是同一律和排中律），矛盾律是世界和思维的根本规律，因为一切事物的发展都从矛盾出发，从而不断发展变化，无论是物质、历史还是思想文化都是如此，毛泽东在《矛盾论》中指出：

　　事物的矛盾法则，即对立统一法则，是唯物辩证法最根本的法则。

　　世界上没有孤立存在的事物，一切都是互相联系、互相作用、互相制衡的，"不破不立，不塞不流，不止不行"，破和立本就是相对又相生的事物，一切事物，都是成对存在的。没有丑，就没有美；没有白，就没有黑，一方只有相对另一方才能显现，在信息技术中，莫尔斯电码中的"点"和"划"，贝尔电话模型中通过"开"和"关"所形成的脉冲信号，都是这种对立性的体现。如果一个事物失去了对立性，就会失去发展的动力，以硬币为例，正面与反面互为观照，如果两面都相同，就不存在所谓的正反，在信息熵中，由于正反面存在的几率各为50%，因而可以通过公式计算得到其信息熵为1比特，但若两面都相同，则信息熵为0，即这个事物失去了变易的可能。

　　除了矛盾的普遍性，矛盾还存在着特殊性，任何运动形式，其内部都包含着本身特殊的矛盾。这种特殊的矛盾，就构成一事物区别于他事物的特殊的本质。这就是世界上诸种事物所以有千差万别的内在的原因，或者叫作根据，因此，我们不仅要抓住事物之间的共性，同时也要抓住事物之间的个性，就像人与人之间也各有不同，假如除去一切个性，还有什么共性呢？因为矛盾的各个特殊，所以造成了个性。一切个性都是有条件地暂时地存在的，所以是相对的。这一共性个性、绝对相对的道理，是关于事物矛盾的问题的精髓，不懂得它，就等于抛弃了辩证法。

　　因此，有了对立的双方，才有了矛盾的存在，并促使着事物的发展，包括人类历史的进程，归根结底也是由矛盾的双方在不断的斗争中推动着前进的，没有哪一方的位置是静止的，所以运动变化是绝对和永恒的，静止是相对和暂时的。

　　在控制论中，维纳提出了一个"负反馈调节"，就是通过将目标差、控制系统与系统状态变量（反馈系统）形成封闭环路，使得目标差不断减小，最终实现目标，生活中的恒温调节器、达尔文的自然选择理论、概率论的"贝叶斯定理"等，都与负反馈调节存在着一致性，同时这种控制思想也与"正反合三题"有着本质上的相似性。以空调为例，用户设定的温度为系统目标，然后包括感应器在内的整个反馈系统不断向控制系统发出信息，只有当前温度与设定温度之间存在差异（对立），控制系统才会发出调节指令，直到二者匹配为止（统一），在这个负反馈调节系统中，共有三个重要的组件（图 2-7），分别是：系统目标，确定复杂问题的关键问题及目标；控制系统，拆解目标并提供解决方案；反馈系统，衡量解决问题效果的变量。通过这三者的结合，就能实现对事物的控制。

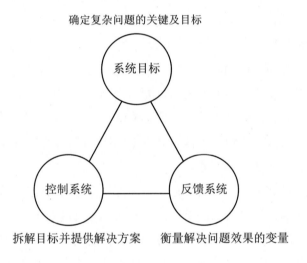

图 2-7　控制论中的"负反馈"

　　在信息时代中，信息编码是远距离通信的核心问题之一，尤其是人们尝试使用非实物化如信号塔、电脉冲等方式时，这个问题就变得异常迫切。最初人们想为每个字母设计单独编码，但很快就发现这种方式麻烦且不可靠，现代通信系统没有出现在东亚语系国家，就与其文字符号太多不无关联，比如中文，常用字就有几千个，使得发明另一种与文字等价、且符合远距离传输需要的编码系统变得困难而不可行。

　　这种编码的尝试比电报出现早几十年，期间人们还尝试过许多其他方法，比如日内瓦的乔治-路易·雷萨吉就试着用 24 条分立的线路表示 24 个字母，每条线路传送的电流刚好能够扰动或者吸附某个可以识别的物体，但由于线路太多，降低了可操作性，后来许多其他类似的尝试，也都以失败告终，直到电流出现在人们视野，才使得这项事业重现曙光，利用指针会受到电流的干扰而发生偏转的原理，人们重新设计了信息的编码，但最初的设想仍是为每个字母保留一根指针，这种方式实现过程复杂且不可靠，所以很快地，指针数量就减少到只剩一根，并利用指针左右偏转的组合来表示字母和数字。

后来数学家高斯和物理学家韦伯合作，设计了一套只使用一根指针的编码方案。指针的一次偏转会给出两种可能信号（左或右），两次偏转的组合就能给出 4 种可能信号（左+左、右+右、左+右、右+左），三次偏转就是 8 种，四次偏转就是 16 种，n 次偏转就是 2^n 种，以此类推，而操作员通过停顿来分隔信号，最后他们设计出了如下的一个编码表：

右	=a
左	=e
右+右	=i
右+左	=o
左+右	=u
左+左	=b
右+右+右	=c（以及 k）
右+右+左	=d
……	

显然，二元的信息表示方法最简便可行，只需将上述的左和右，用 0 和 1 来代替，就可以得到现代通信系统的编码，这种表示方式在后来的计算机发明中再次出现，其中有一个人为此作出了巨大贡献，此人就是乔治·布尔（George Boole）。作为英国科克女王学院的教授，他撰写的《逻辑的数学分析》（*The Mathematical Analysis of Logic*）一书，使得逻辑学不再只属于哲学，同时也成为数学的一个分支。

在布尔的设想中，语言不只是人类理性的工具，同时也是表达思维的媒介，因此所有语言的组成元素都可以看作记号或者符号。在这个符号系统中，布尔设计了一套全新的编码形式，融合了两套抽象的符号体系，一套是从数学的形式主义中借用的符号，如 p 和 q、+和-，以及大小括弧等，另一套则是通常用含糊多变的日常语言表达的运算、命题和关系，如表示真和伪、类与元素等，以及各种"小品词"，如 if、or 等。

布尔发现，可以将事物按照某种共有特性来划分成类（class），若 x 和 y 表示两个类，则 xy 表示那些既属于 x 又属于 y 的东西的类，这个记号暗示了与普通代数中的乘法的类比，现在一般将 xy 称为 x 和 y 的交集；类似地，$x+y$ 来表示或者在 x 中或者在 y 中的所有事物的类（并集），$x-y$ 表示在 x 中但不在 y 中的事物的类（差集）。举例来说，如果 x 表示男人的类，y 表示女人的类，$x+y$ 就是由所有男人和女人所组成的类；如果 x 表示所有人的类，y 表示所有孩子的类，$x-y$ 就表示所有成年人的类。特别地，布尔还用数字 0 和 1 来表示任何信息，其对应的解释即为空类（nothing）和全类（universe），因此 $1-x$ 将表示不在 x 中的事物的类，也可以将其称之为 x 在 1 中的补集。

尽管布尔的成果在当时没有引起人们的注意，却带来了深远的影响，计算机中的布尔运算就是以他的名字命名的，并成为后来电子计算机设计和运行的重要逻辑基础。世界上第一台通用计算机是 1946 年诞生于美国宾夕法尼亚大学的 ENIAC（Electronic Numerical Integrator and Computer）——电子数字积分器与计算机，它使用的是穿孔卡片和穿孔带存储程序，相比电子运算的速度，这种机械式的输入方式明显拖了性能的后腿，此外 ENIAC 利用旋钮、开关和接插线的不同位置来表示程序，使得编程也非常复杂。那时在 ENIAC 上设置一个实用程序，往往需要几个星期时间，所以不到万不得已，使用者很少愿意去修改，正因为如此，尽管 ENIAC 设计为通用的，却总在一段时间内只能专用于某个特定问题，因为如果频繁地设置不同程序，会导致机器在很长一段时间内空闲，严重影响它的使用效率和通用价值。

针对这些问题，作为研发小组成员之一的冯·诺依曼撰写了一份报告《EDVAC 报告书的第一份草案》，报告中提出的计算机三个设计要点，如今成为被人们称为"冯·诺依曼体系结构"的核心，即：

- 使用二进制表示数据和指令。
- 存储程序思想。
- 计算机由运算器、控制器、存储器、输入模块和输出模块 5 个部分组成。

时至今日，我们依然采用的是冯·诺依曼体系结构，所以不管数据以何种方式表现，但在计算机内部都是以二进制序列形式而存在，之所以采用二进制，是因为这样的四个理由：第一是可行性，借助物理的高低电平就可以模拟出二进制信号；第二是可靠性，相比其他进制，如八进制、十进制等，二进制在进行数据运算、传输和存储时，更容易实现纠错；第三是简易性，由于状态数较少，在逻辑电路的设计与实现上更加简单；第四就是逻辑性，这也是计算机能通过二进制来表述现实的关键要素，并使得计算思维成为信息时代问题求解的重要方法。如今，计算机已深入人类社会的各个角落，而我们所生活的世界，也因此可以被看作是一个由 0 和 1 所构成的世界。

2.2.2 二进制与问题求解

现代的二进制通常认为是由 18 世纪德国数理哲学大师莱布尼茨（Gottfried Wilhelm Leibniz）提出来的。二进制是采用 0 和 1 两个数码来表示数，它的基数为 2，进位规则是"逢二进一"，借位规则是"借一当二"，二进制位的单词 bit（比特）也来源于此，它是 binary digit 的缩写，但二进制出现在人类社会生活中的历史要远早于被发现的 18 世纪，在中国古代就有使用 0 和 1 的思想来描述现实的记载，比如《易经》中的八卦、六十四卦就隐藏着二进制的思想，而这比莱布尼茨早了几千年。在古埃及，人们发展出了象形文字来表示数字，比如一条竖线表示 1，一根骨头表示 10，一盘绳索表示 100，一株莲花表示 1000，等等，其中他们对于乘法的计算办法也体现出了二进制的思想。

在二进制中，0 和 1 可以用来表示矛盾中的对立点，而 0 和 1 的组合（二进制序列）则可以表示矛盾之间的关联，然后通过约简、仿真、递归等多种手段来模拟演变的过程，最后获取问题的解答，因而二进制思维本质上就是一种"矛盾"思维，利用存在于对象中的对立与统一，为问题求解提供了一条潜在的路径，同时由于矛盾的普遍性，使得二进制的问题求解方式（图 2-8）具有很强的普适特点。在这个过程中，通过挖掘事物中存在的矛盾对立点及其关联，经过不断的筛选、重组，逐步地逼近答案并最终让它显现出来，这当中新的矛盾会不断出现，所以上述求解步骤会循环往复，直到结束，比如猜数字游戏，假设要猜出 0～7 之间的一个数字，通常会有 3 种策略，第一种任意猜，第二种按照某种顺序猜，但我们只是依照直觉，就能判定这两种都不是好的选择。而比较好的作法则是第三种——采取"对半"的提问方法，比如第一次问"大于 4 吗？"，然后根据回答的"是与否"再进行提问，直至获得答案。

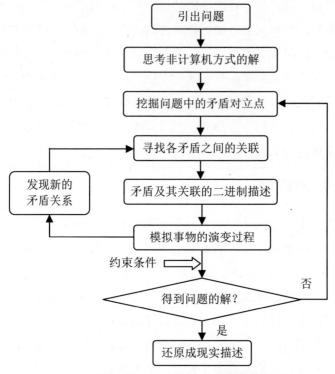

图 2-8　"二进制"的问题求解过程

　　基于二进制的思维方式同样可以应用在一些非计算的情景中，比如"狼羊菜"问题，一个农夫要将狼、羊和菜通过小船运过河去，但每次至多带一样东西过河，而当农夫不在身边时，狼会吃羊，羊会吃菜，因此农夫该怎么做，才能将狼羊菜都安全地运过河去？在这个问题当中，挖掘矛盾对立点成为问题求解的关键，其中起点（假定为左岸）和终点（假定为右岸）是显而易见的对立点，那么对于狼和羊、羊和菜是否也是对立点呢？对立点通常具有对等性，狼能够吃羊，但反过来羊却不能吃狼，羊和菜也是如此；同时只有农夫不在身边时，狼才能吃羊，羊才能吃菜，所以"狼吃羊"和"羊吃菜"不是矛盾对立点，而应该是约束条件（即当农夫不在身边时才成立）。

　　假定起点用 0 表示，终点用 1 表示，并将农夫、狼、羊、菜按此顺序用二进制序列表示，比如 0000 表示全部在左岸，1101 表示农夫、狼、菜在右岸，羊在左岸等，那么原来的问题就转换为一个从 0000 出发，在约束条件的限定下，最终到达 1111（全部去了右岸）的路径选择问题，然后将这个二进制的演变过程转换为相应的现实描述，就能得到该问题的解，表 2-1 就是该问题其中的一个解。

表 2-1　"狼羊菜"问题的求解步骤

状态	行为描述	当前状态
0000	从左岸出发	起点，全部在左岸
1010	农夫带着羊去了右岸	狼和菜在左岸，农夫和羊在右岸
0010	农夫自己回了左岸	农夫、狼和菜在左岸，羊在右岸
1110	农夫带着狼去了右岸	菜在左岸，农夫、狼和羊在右岸
0100	农夫带着羊回了左岸	农夫、羊和菜在左岸，狼在右岸
1101	农夫带着菜去了右岸	羊在左岸，农夫、狼和菜在右岸
0101	农夫自己回了左岸	农夫和羊在左岸，狼和菜在右岸
1111	农夫带着羊去了右岸	终点，全部在右岸

上述表格可以很容易转换为一个类似"树"的决策图，于是问题就可以进一步演化为计算机中的"二叉树及其遍历"，并可以通过编程方式来求解，如此一来，就实现了从问题的抽象及其符号描述，直到使用计算机技术来进行自动化求解的全过程。

二叉树是一种非常重要的数据结构，它的本质就是按照"二分"方式，将问题逐步分解成简单问题，二叉树（图 2-9）通常有如下几种结构：

（1）满二叉树：除最后一层无任何子节点外，每一层上的所有节点都有两个子节点。

（2）完全二叉树：有两种定义方式，定义一：用层次遍历来理解的话，就是按顺序来一遍到某一位置停止，遍历过的节点全部存在；定义二：除了最下面一层，其他层节点都是饱满的，并且最下层上的节点都集中在该层最左边的若干位置上。（满二叉树也是完全二叉树）

（3）非完全二叉树：既不是满二叉树，也非完全二叉树。

这种"二元化"方式结合信息熵，有时能帮助确定问题规模，更好地设计求解方案，比如有 25 根金条，其中有一根重量稍轻，其他重量相同，那怎么才能找出不合标准的那根？最简单的作法就是逐个称重，那么找到目标金条的概率是 1/25，同时根据信息熵的计算公式，可知该方法的信息熵为

$$H(x) = -\log_2(1/25) = \log_2 25$$

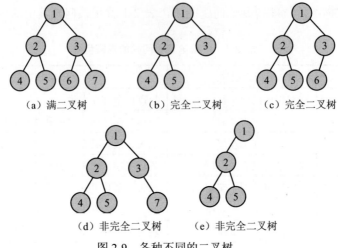

图 2-9　各种不同的二叉树

　　现在将秤改为天平，那么就意味着称重的概率变成了 3 种可能的结果之一：平衡、左边下降、右边下降。这样每次称重的信息熵就变为 $\log_2 3$，如果要称 x 次才能找到目标金条，就有：

$$x\log_2 3 \geqslant \log_2 25$$

　　最后可以得到 $x \approx 2.93$，取最接近的整数，即要称的次数为 3，接下来就可以将 25 根金条分为 3 组，从中任取两组，通过称重就能知道目标在哪一组中，再将这一组金条分为 3 组，重复上述步骤，直到找出目标对象为止，整个过程只需要称重 3 次就可以实现。在这个例子中，原始问题在通过分解之后，其信息熵显著降低，这种将复杂问题分解成简单问题的方法，在计算机领域称为"分治法"。

　　此外，运用布尔的二元运算还可以解决一些逻辑推演的问题，再借助编程等工具，就可以实现过程的自动化处理，比如某地发生一起谋杀案，警察通过排查确定杀人凶手必为四个嫌疑犯之一，他们中三人说了真话，一人说了假话，那么凶手是谁呢？以下为供词：

A：不是我

B：是 C

C：是 D

D：C 在胡说

　　运用布尔运算方式列出来四个嫌疑人供词的关系表达，比如 A 说"（凶手）不是我"，可以表示为"murder!= 'A'"，其中"!="在布尔运算中意为不等于，最终可以得到四人供词的布尔运算表达式如下：

> A：murder!= 'A'（不是我）
>
> B：murder=='C'（是 C）
>
> C：murder=='D'（是 D）
>
> D：murder!='D'（C 在胡说）

然后把每个嫌疑犯都代入 murder 变量，那么就能得到相应的布尔运算结果（真或假），比如先假定 A 是凶手 murder，那么对于 A 的陈述"不是我"（murder!='A'），将其中的 murder 替换为当前的假定（也就是 A），其相应的布尔运算表达式就变成：

> 'A' != 'A'（将 A 代入 murder）

该表达式意为"A 不等于 A"，这显然不成立，也就是说该布尔运算的结果为假，同理，在假定 A 是凶手 murder 的情况下，可得到 B、C、D 陈述的布尔运算结果分别为假、假、真，而在布尔运算中，通常假定运算结果为真时取值为 1，运算结果为假时取值为 0，其相应的运算过程及结果如表 2-2 所示。

表 2-2 假定 A 为凶手时的布尔运算过程与结果

各人的供词	转换为布尔表达式	将 A 代入 murder	运算结果
A：不是我	murder != 'A'	'A'! = 'A'	假（0）
B：是 C	murder == 'C'	'A' == 'C'	假（0）
C：是 D	murder == 'D'	'A' == 'D'	假（0）
D：C 在胡说	murder != 'D'	'A' != 'D'	真（1）

已知"三人说了真话（取值为 1），一人说了假话（取值为 0）"，所以只有当按照某种假设，且 4 个供词的布尔运算结果相加等于 3 时，此时的假设才是成立的，比如上表中假定 A 是凶手 murder 时，其布尔运算结果分别是假（0）、假（0）、假（0）、真（1），其取值的和为 1（不等于 3），与预设不符，也就是说这个假定不成立，说明 A 不是凶手，而这个过程可通过编写一个循环语句来实现自动推演，最终发现凶手是 C。循环语句如下：

```
For m in['A','B','C','D']:
    if(m!='A')+(m=='C')+(m=='D')+(m!='D')==3:
    print( '{m}是凶手')
```

2.3　熵及其应用

2.3.1　热力学定律

热力学中有三大定律，其中第一定律和第二定律广为人知，热力学第一定律指出热量可以从一个物体传递到另一个物体，也可以从一种能量形式转换为另一种能量形式，但是在转换过程中，能量的总值保持不变，即能量守恒。热力学第二定律则有多种表述方式：克劳修斯（Rudolf Julius Emanuel Clausius）将其表述为热量可以自发地从温度高的物体传递到温度低的物体，反之则不能；开尔文-普朗克表述（Kelvin-Planck Expression）则指出不可能从单一热源吸取热量，并将这热量完全变为功，而不产生其他影响；影响最大的则是第三种表述方式，孤立系统的熵永不减小。

在宇宙中存在着三种系统：开放系统、封闭系统和孤立系统。

（1）开放系统（open system）：如果系统与环境之间同时存在着物质与能量交换，这样的系统称之为开放系统。

（2）封闭系统（closed system）：如果系统与环境之间没有物质交换，但是有能量交换，那么称之为封闭系统，这种系统是经典热力学的主要研究对象。

（3）孤立系统（isolated system）：如果系统与环境之间既无物质交换，又无能量交换，那么称之为孤立系统，这种系统在现实中并不存在，只是在某些特定条件下，可以近似地将一些系统视为孤立系统，比如太阳系内的太阳以及行星。

三种系统的对比如图 2-10 所示。

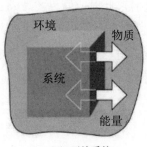 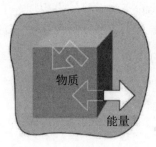 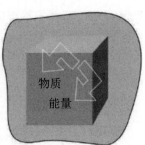

（a）开放系统　　　　　　　（b）封闭系统　　　　　　　（c）孤立系统

图 2-10　三种系统的对比

热力学第一定律表明了能量无法创生，也不会被消灭，只会在不同形式之间进行转换，但对于一个孤立系统而言，这个转化会出现损耗，而系统的总能量由两个部分组成：可用于做功的有用能（或自由能）和不能用于做功的无用能（或束缚能）。因此熵的另一种含义，就是描述了在能量转换过程中，无用能相对于总能量的比率，显然，由于能量转换存在着损耗，因此随着能量转换的不断进行，这个比率会越来越大，也就是熵会越来越大，此即热力学第二定律所试图揭示的东西：世界一定会朝着熵增方向发展。

熵衡量了一个系统所具备的发展潜力，熵值越低，系统所具有的潜力就越高，一旦达到了熵值的最大值，系统就丧失了所有的有用能，也就不再具备变化的能力，这是一个从有序到无序的过程。在自然界中，秩序通常代表着做功的能力，一个系统越有序，做功的能力就越强，在麦克斯韦妖的思想实验中，小妖通过辨别分子的运动速度来打开活门，适时地让特定分子通过，箱子的一侧聚集了越来越多的快分子，另一侧则聚集了越来越多的慢分子，这种秩序会随着两侧的快慢分子数量差的加大而增强，并由此产生更大的动能，这个秩序常常与稳定性（stability）关联。

稳定性是指系统在受到扰动后能回复到初始状态的惯性，维纳在控制论中提出，系统可以通过"负反馈"来维护自身的稳定性，比如一个恒温空调系统，当它设定在 24℃时，并不是时时刻刻都保持在这个温度，当温度出现偏离时，系统会进行干涉让其返回设定状态，而这个过程之所以被称为"负反馈"（negative feedback），是因为系统的输出再次作为系统的输入时，其目标是减小扰动，在本例的空调系统中，假设探测装置发现当前温度相对于设定值是"+1"，那么这个信号作为输入，其目标是让系统"-1"；反之，若系统的输出再次作为输入，会放大扰动而促使系统进一步偏离初始状态，则称为"正反馈"（positive feedback）。自然界中典型的就是核裂变反应中的中子循环，通过不断的正反馈来实现链式反应，从而导致系统失稳，如果不加以控制，系统就会朝失控甚至崩溃的方向发展。

熵对于世界有着非常重要的现实意义，对于宇宙而言，当其中的有效能全数转化为热能，所有物质温度达到热平衡时，宇宙就会进入一种被称为热寂（the heat death）的状态，这个由威廉·汤姆森（William Thomson）根据自然界中机械能损失的热力学原理推导出的概念，表明在孤立系统中，随着熵不断增加直至达到最大时，系统中就不再有任何可以维持运动或者生命的能量存在而陷入一片死寂。

由于熵表征着有用能的存在状态，而能量是世界的基本组成要素，因此熵增理论适用于各类自然与人造的系统，包括地球、有机生命等。对于地球而言，任何活动都会消耗有用能，自然状态下熵增过程会非常缓慢，而人类活动则加速了这个进程，尤其从工业时代开始，短短 100 多年的时间，消耗了地球上大量的有用能，某些可再生能源，比如煤炭、石油等，由于其再生的时间尺度远超人类文明存衍的时间尺度，实际上就等同于不可再生能源，因此，如果不控制这个进程，在没有能开发出新能源的情况下，地球的熵就达到一个极大值，那么对于包括人类在内的所有生命来说，将会是一场灭顶之灾。

对此一些人寄望技术突破来减缓这个熵增的进程，其中也存在一些问题。首先，新技术通常都存在外部成本，所谓"外部成本"（external cost），是指某些行为会给他人或社会带来经济损失，并且行为人对此没有进行补偿，典型的就是工业生产所带来的环境污染，而这个外部成本也会导致熵增；其次，新技术往往带来更大的能源消耗，回顾人类历史，从早期的游猎采集到农业文明，再到现在的工业文明，能耗实际上一直在增大而不是减少；第三，不能忽视某些新技术并没有导致能耗减少，而只是能耗转移，考虑到存储、运输等众多环节的因素，这种方式是否能够真正地降低总体能源消耗仍有待观察。

熵增定律同样适用于生命系统，生命究竟是什么，如果只是从物质角度出发，那么将一个有机的生命体进行无限的分解，剩下的只有一堆原子，而同样的元素也构成了诸如岩石、泥土等无生命的物质，因此生命的意义在于其所具有的能够产生变化的力量，薛定谔在《生命是什么》（*What is Life*）中如此说道：

生命的典型特征是什么？一块物质什么时候可以说是活的呢？回答是当它继续"做某种事情"、运动、与环境交换物质等的时候，而且可以指望它比无生命物质在类似情况下"持续下去"的时间要长得多。当一个不是活的系统被孤立出来或者被置于均匀的环境中时，由于各种摩擦力的影响，所有运动通常都很快静止下来；电势或化学势的差别消失了，倾向于形成化合物的物质也是如此，温度因热传导而变得均一。此后，整个系统逐渐衰退成一块死寂的、惰性的物质，达到一种持久不变的状态，可观察的事件不再出现。物理学家把这种状态称为热力学平衡或"最大熵"。

因此，有悖于自然界中的熵增定律，简单的生命体不仅可以存活，甚至还可以进化为结构更为复杂的存在，在这个过程当中，生命体的组织性不是越来越混乱，之所以如此，就是因为有机的生命体是开放的，它们每时每刻都从外部环境中获取"有用能"，来抵消自身活动所产生的熵增，而一旦生命系统达到平衡状态，就意味着死亡。因此，如果用 D 代表对于无序的度量，那么 $1/D$ 就代表对于有序的度量，而玻尔兹曼方程就可以表示如下，也就是说，所有的生命体不断地从环境当中吸取秩序，而以"负熵"为活：

$$-(熵) = k\lg(1/D)$$

熵有着许多不同的表述方式，除了这里提到的能量可用性、秩序等之外，在"信息的本质"一章中还提到，熵表征着系统的混乱程度，这个"混乱"是指系统会趋向一个概率最大的状态，此时能量消耗会处于一个相对较低的水平，比如对于一个房间，最初很整洁（熵值最低），随着时间的推移，东西不再放到指定位置而随手乱放（能量消耗低），房间开始出现杂乱（熵增），由于人的惰性（系统惯性），在没有外部力量介入的情况下（孤立系统），仅仅依靠自己很难改变这种状况，最后房间变得混乱不堪（熵值接近或者达到最大）。

熵有助于我们更好地理解复杂系统的发展与演变，比利时物理学家和化学家，耗散结构理论的创始人普里戈金曾这样说到道"热力学第二定律的这种表述是在19 世纪中完成的，但从那时以来，研究复杂系统的倾向一直继续着。今天我们终于可以说，我们的兴趣正从'实体'转变到'关系'，转变到'信息'，转变到'时间'上。"作为一位享誉世界的科学家，爱因斯坦认为一种理论前提越简练、涉及的内容越纷杂、适用的领域越广泛，那么这种理论就越伟大，在他看来热力学定律就是这样的一种理论，并且是宇宙中唯一一个"永不被推翻"的物理理论。

2.3.2 信息熵

信息熵（information entropy）反映的是一个信息不确定的程度，香农认为信源是一个能够产生一组随机消息的集合系统，而且这些随机消息具有各自不同的产生概率，因此通信可以被看成是根据已知的概率，对各种可能消息进行选择的过程，同时意识到他给出的信息量公式和玻尔兹曼统计熵公式具有一致性，因而又把信息量称为"信息源的熵"。

在一个随机事件中，某个事件发生的不确定度越大，信息熵也就越大，也就是所需的信息量越大，比如相比掷硬币，掷骰子更不确定，1～6 点出现的概率各为 1/6，按照信息熵的计算公式就有 $-\log_2(1/6)$，因此掷骰子的信息熵就等于 2.58

比特。如果掷骰子两次，同时要点数相同，那么在这个事件中，共有 36 种组合，其中点数相同的情况有 6 种，因此概率 P_i=6/36=1/6，信息熵就等于 2.58 比特。如果还是掷骰子两次，同时点数之和为 8，那么在 36 种组合中，2+6、3+5、4+4、5+3、6+2 都符合要求，而这些点数出现的次数为 5，因此概率 P_i=5/36，信息熵等于 2.84 比特；如果点数之和为 2，那就只有 1 种，因此概率 P_i=1/36，信息熵等于 5.17。从上述例子就可以得知，一个事情发生的概率越高，确定性也就越大，相应的信息熵就越低。

随机事件集合中某一事件自身的属性引起的信息熵称为自信息，比如上述掷骰子的例子；还有一种情况是分别取自两随机事件集合的单一事件之间而引起的信息熵，称为互信息，也就是对于两个随机变量 x 和 y，如果其联合概率要分布为 $p(x,y)$，边缘概率分布为 $p(x)$、$p(y)$，则互信息可以定义为

$$I(X;Y) = \sum_{x \in X} \sum_{y \in Y} p(x,y) \log \frac{p(x,y)}{p(x)p(y)}$$

如果 $H(x)$为原随机变量 x 的信息量，$H(x|y)$为知道事实 y 后 x 的信息量，互信息 $I(x,y)$则表示为知道事实 y 后，原来信息量减少了多少。比如，在掷骰子的例子中，正常情况下，每个点出现的概率各为 1/6，其信息熵为 2.58 比特，但是现在掷了 100 次，其中点数 6 出现了 50 次（概率为 0.5），其他点数各出现了 10 次（概率为 0.1），那么信息熵就变为

$H(x)$=−0.5log$_2$0.5−0.1log$_2$0.1−0.1log$_2$0.1−0.1log$_2$0.1−0.1log$_2$0.1−0.1log$_2$0.1

　　　=2.15 比特

与原来的 2.58 比特相比，现在的信息熵变成 2.15 比特，共减少了 0.43 比特，这个减少的信息量就是互信息，在这里掷骰子的随机性降低了，不再是点数 1～6 均匀出现，而是点数 6 出现的概率大为提高，导致这种确定性增加的一种可能解释，就是骰子被人做了手脚。互信息有着广泛的应用价值，比如天气预报，假定 r 表示"降雨"，c 表示"天空有乌云"，则有 $p(r)$=0.125，$H(r)$=−log$_2$0.125=3 比特，而 $p(r|c)$=0.8（表示有乌云的降雨概率），$H(r|c)$=−log$_2$0.8=0.32 比特，那么"降雨"与"天空有乌云"的互信息就为

$$I(r,c)=H(r)-H(r|c)=3-0.32=2.68 \text{ 比特}$$

同理可得"无雨"的概率为 0.875，其信息熵为 0.19 比特，"无雨|天空有乌云"的概率为 0.2，其信息熵为 2.32 比特，因此"无雨"与"天空有乌云"之间的互

信息为 0.19-2.32=-2.13 比特，从中可以得到如下结论：

（1）当天空出现乌云之后，降雨的自信息从 3 比特下降到 0.32 比特，不确定性减小；反之，无雨的自信息却从 0.19 比特上升到 2.32 比特，不确定性增加。换言之，在天空出现乌云之后，降雨的可能性大为增高了。

（2）降雨与天空有乌云存在着正的互信息，而无雨与天空有乌云存在着负的互信息，一般地，若事件 x 提供了事件 y 的正信息，则说明 x 的出现会促使 y 的出现，反之，则会阻碍 y 的出现。

在热力学定律中，熵所描述的就是在能量转换过程中，无用能相对于总能量的比率，从另一种角度上来说，也就是表征着能量转换中所付出的成本，而在获取信息时同样也存在着成本，这个成本主要体现在以下两个方面：

（1）首先是获取信息的过程，与信息时代之前相比，现在人们可以从多个渠道来获取信息，尤其是互联网的出现，让这个过程变得简捷、方便和高效，但事情存在着两面性，信息渠道的多元化也分散了我们的注意力，相比过去线性的思维方式，现代人更习惯并行的多点式信息获取方式，为此付出的成本就是专注能力的下降，这种"注意力"的稀缺甚至导致了一门新的研究领域的出现，即"注意力经济"，而注意力的争夺主要就是视觉上的争夺，因此也被称为"眼球经济"。

（2）其次是获取信息的质量。信息泛滥导致了信息过载，现在人们获取的信息不是太少，而是太多，在其中又存在着大量的虚假信息，因为让我们陷入困境的不是无知，而是看似正确的谬误论断。所以，虚假信息的存在既耗费了人们的注意力，同时也加大了信息处理的成本，尽管获取的信息更多，但有用信息的比值却相比以前更低，同时大数据技术的发展，让信息呈现出越来越多的"同质化"倾向，这种新技术虽然在早期能提高信息的质量，但随着相似甚至相同的内容越来越多，最后又会导致信息质量的下降。

第 3 章　网络及其效应

3.1　网络概述

3.1.1　互联网发展史

与此世界上第一台电子计算机相似，如今的互联网最初也是出于军事目的而发展起来的。20 世纪 60 年代，为了实现肯尼迪政府对于军事指挥和控制系统灵活性的要求，当时的美国国防部高级研究计划局成立了"信息处理技术办公室"（Information Processing Technology Office，IPTO），首任主任为约瑟夫·利克莱德（Joseph Carl Robnett Licklider），而他也是全球互联网公认的开山领袖之一，常被称作是"织"网的第一人。利克莱德十分注重分时系统（time-sharing systems）的发展，尽管作为互联网前身的阿帕网（Arpanet）是在利克莱德离开 IPTO 之后才发展起来的，但利克莱德的前期工作却为其奠定了重要基础。

分时系统的提出与当时计算设备的集中分布有关，为了让更多人能够共享这些造价高昂的机器，提高使用效率，尤其是降低设备的开发与维护费用，人们提出了"分时"概念，以便让多个用户借助终端来与同一台主机相连，以交互的方式共享这些主机资源（如中央处理器、内存等）。可在利克莱德的构想中，这种分时系统的作用并非仅限于此，而是能成为人们智力成果共享的平台，很显然，这当中除了友好的交互设计之外，一个匹配的网络系统也至关重要，而阿帕网就是在这样的背景下，随着分时系统的不断发展和完善而最终诞生。

阿帕网发展之初被设计成一个分布式的网络架构，而非集中式，从而避免了遭受攻击后造成本方集中化通信系统的崩溃。随着美国的加利福尼亚大学洛杉矶分校、斯坦福大学研究学院、加利福尼亚大学和犹他州大学等四所大学，将各自的计算机依照阿帕网制订的协议进行了互连，后续又有不少大学和研究机构也加入进来，比如麻省理工学院、哈佛大学等，至此阿帕网终于成型，并标志着现代计算机网络的诞生。

但是，随着越来越多的组织和机构加入阿帕网，一些问题开始显现，比如早期的通信协议只考虑了授权用户的接入，因此制订的网络控制协议（Network Control Protocol，NCP）只适用于同构的应用环境，而这个矛盾随着阿帕网的不断发展变得日益突出，使得制订新的网络通信协议变得重要而迫切。1973 年美国国防部国防高等研究计划署的卡恩和斯坦福大学的瑟夫共同开发了 TCP 协议（Transmission Control Protocol，传输控制协议）/IP，并最终全面替代 NCP，成为互联网中最重要的通信协议。

TCP/IP 是由一系列协议组成的协议群，主要包括应用协议、传输协议、网际协议、路由控制协议等，如图 3-1 所示，同时参考了 OSI（Open System Interconnection，开放式系统互联）的七层模型，即：物理层、数据链路层、网络层、传输层、会话层、表示层和应用层，但与 OSI 关注"通信协议必要的功能是什么"不同，TCP/IP 更强调"在计算机上实现协议应该开发哪种程序"，因此在网络分层上，对应 OSI 的七层模型，TCP/IP 设置了五层模型（有时也把最底的两层合称为"网络接口层"），并在不同的层次使用不同的协议。OSI 模型与 TCP/IP 模型对比如表 3-1 所示。

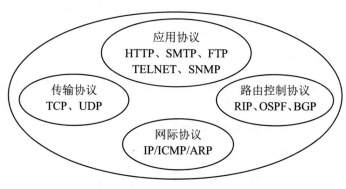

图 3-1 TCP/IP 协议群

表 3-1 OSI 模型与 TCP/IP 模型对比

OSI 模型	TCP/IP					TCP/IP 模型
应用层	文件传输协议（FTP）	远程登录协议（Telnet）	电子邮件协议（SMTP）	网络文件服务协议（NFS）	网络管理协议（SNMP）	应用层
表示层						
会话层						

续表

OSI 模型	TCP/IP					TCP/IP 模型
传输层	TCP			UDP		传输层
网络层	IP		ICMP	ARP　　RARP		网际层
数据链路层	Ethernet IEEE 802.3	FDDI	Token-Ring/ IEEE 802.5	ARCnet	PPP/SLIP	网络接口层
物理层						硬件层

与此同时，阿帕网还被划分为军事网络和民用网络，从而推动了互联网向全球化的发展，值得一提的是 NSFNET。NSFNET 的雏形是美国建立 6 个超级计算机中心，其初衷是为了加强科研人员之间的信息交流与资源共享。NSFNET 采取的是一种具有三级层次结构的广域网络，整个网络系统由主干网、地区网和校园网组成，校园网就近连接到地区网，地区网又连接到主干网，然后主干网通过高速通信线路与阿帕网连接，这样一来，网络中的任一主机就可以通过 NSFNET 来访问任何一个超级计算机中心。正是 NSFNET 的快速发展，使得阿帕网逐渐退出，并最终关闭，而 NSFNET 也在彻底取代阿帕网之后，成为了 Internet 的主干网，然后逐步发展成为今天的互联网。与此同时，全球各地也都在兴建各自的广域网，并通过 TCP/IP 来进行相互通信，这些网络很快就连接起来，一个遍布世界的通信网络就此成形，而一些新的需求和设想也在此过程中萌生出来。

早在 20 世纪的 60 年代，利克莱德就设想构建一个"思考中心网络"（a network of thinking centers），它类似一个现代化的网络图书馆，除了提供信息检索和存储功能之外，还能够借助网络实现某种意义上的"人机共生"系统，就像人们现在通过网络搜索引擎来获取某些信息，而不是将其一直保存在大脑中，从而使得网络成为某种意义上人体的一个非生物性的处理与存储器官。这个设想虽然在利克莱德任职期间没有实现，却为后来网络的发展方向提供了灵感，这当中的一个关键问题就是如何将分散在各个节点中的网络信息组织起来，而这项工作却早就有人进行了尝试。

20 世纪 30 年代，美国工程师范瓦尔·布什（Vannevar Bush）提出"存储扩充器"（memory extender）的构想，它通过交叉引用链接来查阅信息，并能以极高的速度和灵活性与人进行交互，相比传统的线性方式，这种通过联想来组织数据的方式更符合人类的思维习惯。后来美国学者德特·纳尔逊（Ted Nelson）创造了术语"超文本",在他的构想里,要创建一个全球化的大文档,文档的各个部分分布在不同的服务器中,而它们之间可以通过链接关联起来,但在当时的网络条件下这是无法实现的,但纳尔逊进一步发展了这个思想,并创造了一个英语新词hypertext,其中的 hyper 在希腊语中意为"超""上""外""旁"等意思,因此这个"超"是指多个文档在内容与形式上的多元化与相互关联,但直到计算机以及现代通信网络出现与发展起来之后,"超文本"才真正从理论变成了现实。

1990 年,来自欧洲核子研究中心的两位科学家蒂姆·伯纳斯·李(Tim Berners-Lee)和罗伯特·卡里奥(Robert Cailliau)共同发布了基于互联网的文档链接结构,并命名为 World Wide Web(万维网),即如今无所不在的 WWW 服务,其中蒂姆发挥了关键作用。1989 年,他开发出世界上第一个 Web 服务器和 Web 客户机,以及第一个网站 http://info.cern.ch/,向访问者解释了万维网是什么。虽然这个网站很简陋,但对于互联网的发展却具有里程碑的重要意义。同时这种文档结构也极大丰富了媒介的形式,音乐、图片、视频开始爆发性地出现在互联网当中,可以说互联网能发展到今天,并且如此深刻而持久影响着人类的生活,这一切都与蒂姆的杰出贡献密不可分。2017 年,蒂姆因"发明万维网、第一个浏览器和使万维网得以扩展的基本协议和算法",而获得有计算机界诺贝尔奖之称的图灵奖。

3.1.2　普适化的网络

我们今天说"网络"一词时,通常指的都是以通信技术为基础的计算机网络,包括互联网以及与之相连的各种广域网、局域网等,可具有网状形态的事物却早已有之,且无所不在。中文的"网"是一个象形字,其甲骨文为■■,左右两边是插在地上的木棍,中间是相互交错的缠线,原本是从编织的渔猎工具演化而来,在《说文解字》中提到:"网,庖牺所结绳以渔。从门,下象网交文。"进而引申为多孔而形如网状的事物,其中也包括像网一样的组织或者系统。同时《说文解字》中又说:"凡网之属皆从网。"也就是说,以"网"为部首的字义大多都从网,比如罟。"罟"字的篆文为■,本义也为渔网,引申为法网,在《孟子·梁惠王》中有:"不违农时,谷不可胜食也;数罟不入洿池,鱼鳖不可胜食也;斧斤以时入山林,材木不可胜用也。"意思是人要与自然保持一种和谐共处的关系,顺应天时,而不能纵欲逞意,过度地索要榨取,其中"数罟"中的"数"念 cù,意为严密、细密，因此"数罟"就是严密、细密的渔网。汉字"网"的演变如图 3-2 所示。

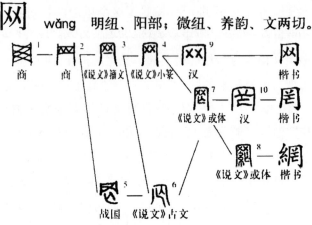

1、2《汉语字形表》303页。3、4、6、7、8《说文》157页。5《战文编》539页。9、10《隶辨》437、438页。

图 3-2　汉字"网"的演变

除了前面提到的尘网、渔网、法网等之外，我们身边还存在着许多其他的"网状物"，尽管形态各异，却有着某些共同的特征，比如下面的几个案例。

案例 1："零号病人"是指流行性疾病中的初始病人，往往也是第一个感染者，通过追踪这个病人不仅能很好地控制疾病扩散，同时也对找到疾病的治疗方法发挥着重要作用，但在医学上"零号病人"的标识是"Patient O"，其中"O"是字母 outside 的简写，并非数字 0，只是后来在传播过程中被误认为数字 0。20 世纪 80 年代，当艾滋病在美国出现并开始传播时，美国疾控中心的研究人员使用英文字母"O"来指代"加利福尼亚州以外"的某个人，而这个人就是后来被称为艾滋病"零号病人"的盖特恩·杜加斯（Gaetan Dugas）。

案例 2："N-1"是电力系统中的一个重要标准，指的是当一条线路出现故障时，不至于对整个供电系统造成影响，在部分重要的地区，这个标准甚至被提升到"N-2"，因为在现代社会中，电力对于整个世界的正常运转起到了关键作用，一旦出现长时间的大规模停电，就会对工业生产、社会秩序等造成巨大破坏，甚至引发人道主义灾难。

案例 3：谱系学是一种广泛应用于人类学、历史学、社会学、政治学等学科的研究方法，它从先证者入手，通过不断回溯来追踪事情的本源，从而发现事物发展的过程以及规律，比如在对家族遗传病的研究中，通过绘制系谱图来确定某一遗传因素是否存在于家族之中，以及可能的遗传方式。此外，这种方法也被广泛应用于其他各种领域，比如在艺术领域，以不同阶段所客观形成的、各自具有相对稳定和一定典型意义的格局和形式为线索，从不同角度、不同目的对其中某些表现格局和形式进行研究，包括乐构模式（曲式结构）、乐形模式（乐队编制与组合形式）、乐调模式（调名、调高、指法弦序）等，就能得出乐目家族中各首乐曲的类别归宿与历史层次关系，如图 3-3 所示。

《料峭》乐目家族组合型乐构模式图示

类型/曲名/乐谱 段落/模式框架		主体乐构模式	分体乐构模式				变体乐构模式	
			分体一	分体二	分体三	分体四	变体一	变体二
		料峭	平调料峭	拿天鹅	鹅浪子	大打围	拿天鹅	海青拿天鹅
		音乐腔谱	南词全部八套	京音乐谱	万寿寺音乐谱	凤凰堂音乐谱	冯德顺等演奏	寺院音乐
		1694	1885	1837	1910	1948	1984	1947
头		1 山荆子		1 三皈赞	1 五声佛		1 三宝赞	1 普庵咒
身	一	2 好事近	1 平调料峭				2 料峭一	2 剪灯花
		3 千秋岁	2 千秋岁				3 料峭二	3 看灯山
		4 滚绣球	3 滚绣球				4 料峭三	4 八拍子
							5 料峭四	5 採茶歌
	二	5 醉太平		2 醉太平				
		6 天下乐		3 仙人遊春				
		7 春		4 春季	2 春			6 四季鹅郎
		8 夏		5 夏季	3 夏			
		9 秋		6 秋季	4 秋			
		10 冬		7 冬季	5 冬			
		11 水鸭儿		8 金字经				
		12 赛名马		9 赛名马				
		13 鹅儿		10 天鹅飞			6 鹅浪子	
	三	14 大打围		11 拿天鹅		1 大打围	7 拿天鹅	
尾		15 小回回	4 花柳春	12 川拨棹	6 拨动山	2 赶东山	8 寡拉寨尾	7 末了词
			5 锦衣乡	13 拨动山		3 大煞尾		8 八拍子之八
			6 赶东山					

图 3-3　乐目家族组合型乐构模式

在上述的几个案例中会发现一个共同的特征，即：存在着某些点，按照某种关联方式而形成一种结构，无论这种关联方式是人际之间的社会交往，或者是电力线路的物理连接，或者是模式方面的理念继承等等，它们最后都形成了如渔网一般的结构，也这就是一般化网络的形态，并可以用如下几种方式来进行表示。

1. 文字

对象 A 与对象 B 按照某种方式相连，比如 A 是 B 的父系，或者两个城市 A 与 B 之间有××高速公路相连，或者状态 A 是状态 B 存在的必要条件，等等。

2. 公式

文字比较冗长，相对而言公式则较为简洁，而对于一个有 N 个节点，L 条链路，且节点对之间通过链路所形成的映射关系为 f 的网络，可以表示为

$$G = (N, L, f)$$

3. 表格和邻接矩阵

对于多个对象之间存在的相互关联，公式的方式显得有些臃肿，二元结构的表格则相对清晰明了，比如表 3-2 就展示了一个社团中成员之间的关系，通过调查谁把谁当成朋友，来分析他们之间存在的社会结构，其中左列的人代表选择方，所以这个表格是不对称的，比如王力认为陈思飞是自己的朋友，但反过来陈思飞却不这么认为。如果表格中的数据可以转换为数字，比如在表 3-2 中，把"Y"转换成数字 1，非"Y"转换成数字 0，那么就可以得到等价的邻接矩阵，从而实现对网络结构的定量分析。

表 3-2　一个社会群体结构图的例子

	王力（W）	陈思飞(C)	马丽（M）	刘媛媛(L)	秦奋（Q）	周倩（Z）
王力（W）		Y		Y		
陈思飞(C)	Y			Y		
马丽（M）				Y		
刘媛媛(L)	Y	Y			Y	
秦奋（Q）			Y			
周倩（Z）					Y	

4. 图

与表格相比，图的形式更加直观，可以更迅速全面地把握节点之间的关系，以及相互的作用影响，有助于理解个体与群体的行为选择，比如在一个细分市场中存在着多个竞争者，其中 A 企业由于规模较大，成为了 B 企业和 C 企业的共同对手，此时一家新企业 D 想要与 B 企业合作，从而对 C 企业采取友好态度，其实质是为了反对 B 企业和 C 企业的共同对手，从而达到示好 B 企业的目的，图 3-4 中的"-"表示敌对关系，"+"表示友好关系。

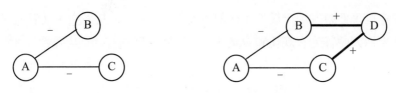

图 3-4　竞争市场中的各企业关系图

3.1.3　社会网络分析

社会网络分析（Social Network Analysis，SNA）是指在社会科学中以对行动者之间的互动研究为基础的结构性方法。社会学脱胎于社会哲学，术语"社会学"由孔德（Comte）所创造，他同时明确了社会学的目标就是揭示各种社会规律。早期社会学研究方法主要分为两大阵营，即形成于 19 世纪英、法、美等国的实证主义（又称科学主义）方法论，与形成于 19 世纪德国并流行于欧洲大陆的人文主义（又称解释学）方法论。

实证主义以孔德等人为代表，认为人的行为由外部力量所引起，而不是取决于内部的情感状态，社会生活中的种种事实有其内在固定的、可重复出现的规律，因而通过理论和系统的观察，并采取量化方式就可以考察事物的本质。由于人和物质都是自然世界的组成部分，因而人类行为、社会变化与自然物质变化都存在因果或者相关关系，能够在时间和空间中被客观地计量，所以物理学、化学等自然科学中的研究方法也同样适用于社会科学。

人文主义则以胡塞尔（Edmund Husserl）的现象学为哲学基础，并经过美国社会学家舒茨（Alfred Schutz）的运用而得以推广。与实证主义不同，人文主义认为一切社会科学研究或者解释性理解，其本质上都包含着价值倾向性，研究者应该关注他们与被研究者以及与"生活世界"之间的意识活动，对社会现象要进行"深度描述"，因此"理解是在研究者的解释意图与解释对象之间的一个循环互动，因此理解与解释是永远没有完结的"，他们指责实证主义常常把人类行为主体描绘成对于外部刺激的被动应答物，而非其自身社会生活的创造者。由于人文主义认为自然科学与社会科学之间存在巨大差异，所以自然科学的研究方法并不适用于社会学科，因此人文主义也被称作"反实证主义"。

对照两种方法，实证主义实质上就是一种基于想象、经验和理性的方法，包括观察、实验、测量、归纳演绎、假说等自然科学或经验科学的方法，强调了统计学在随机事件中发现一般性规律的重要作用，而这正是人文主义者反对的地方，他们认为把人的行为客观化和定量化，而无视人所具有的"特殊性"，是无法理解和解释人类世界的，因此只依靠数学的方法是不够的，还需要具有"理解"和"领会"的概念与经验，即理解、移情和直觉。因此实证主义与人文主义之间的分歧，就是自然科学与人文科学、定量方法与定性方法所存在的差异，这两者既互斥又互补。

"社会网络"一词的出现可以追溯到人类学家巴恩斯（John Barnes），他使用这个概念来分析挪威某渔村的社会结构，从那以后，"社会网络"及其研究方法开始进入社会学家的视野当中。当时的社会学研究依然采取某种"剥离"的方式，通过对个人的随机抽样，把研究对象从社会背景中撕裂出来，以确保彼此不会形成干涉，社会学家巴顿（Barton）将这种研究方法称为"绞肉机"，同时他也指出："如果我们要理解人类行为而不仅仅只是记录它，那么就需要了解群体、邻里、组织、社交圈、社区，以及互动、沟通、角色期望、社会控制。"因此结构化研究开始出现并受到了重视，人们意识到探究个体之间的关系，对于理解社会现象将起到重要的作用，而这种方法就被称作社会网络分析。

社会网络方法基于一个直觉性的概念，即行动者嵌入在其中的社会关系模式，对于他们的行动结果有着重要影响，这种思想主要有三个来源。第一，受到了 19 世纪早期物理学场论发展的影响，从而将网络概念应用于对社会互动的研究当中。第二，受到了数学方法对社会互动研究的影响，尤其是随着计算能力更强的电子设备出现，网络方法在分析社会领域中多个体的优势日益凸显。第三，来自那些倾向于以人类学方法来研究组织问题的学者，他们运用"社会网络图"来描述社会组织中的互动结构。

在网络分析中，"网络"被认为是联结行动者（actor）的一系列社会关系（social relations）或社会联系（socialties），它们相对稳定的模式构成了社会结构（social structure），因此网络分析包括了两个基本要素：行动者和社会关系（或社会联系）。前者一方面是有意识的行为主体，另一方面其行为又不得不受社会网络的制约；后者则是在行动者之间因某些特定的关系而发生互动，并在此基础上积累起来的联系模式。

根据分析的着眼点不同，社会网络分析可以分为两种基本视角：关系取向（relational approach）和位置取向（positional approach）。关系取向关注行动者之间的社会性粘着关系，通过社会联结（social connectivity）本身，比如密度、强度、对称性、规模等，来说明特定的行为和过程。按照这种观点，那些强关系的、密集的且相对孤立的社会网络可以促进集体认同和亚文化的形成。位置取向则关注存在于行动者之间的、且在结构上处于相等地位的社会关系的模式化（patterning），探讨的是两个或以上的行动者和第三方之间的关系所折射出来的社会结构，强调用"结构等效"（structural equivalence）来理解人类行为。

库恩指出："如果一门科学能够而且只是提供一套能同时提出问题和解决问题的系统方法，它就是一般性的。"那么按照这个定义，社会网络分析可以看作是"一般性"的科学，作为一种研究范式，社会网络分析具有如下四个共同特性：

（1）社会网络分析源自联系社会行动者的关系基础之上的结构性思想。

（2）以系统的经验数据为基础。

（3）非常重视关系图形的绘制。

（4）依赖于数学或计算模型的使用。

可是，早期的社会网络分析却很少甚至没有使用数学或者计算模型，当时多采用一种称之为社会计量学的方法来探讨人与人的问题，比如确定相互之间的情感。社会计量学的研究方法一般包括四个步骤：首要的关键步骤是揭示真实的群体组织；其次是决定组织的主观测量方法；然后通过辅助性自我的功能，赋予主观关系一种最大的客观性；最后是考虑一种特定结构发展所遵循的标准。除了前面提到的数学或计算模型的问题之外，社会计量学还有一个问题，就是更多关注的是个体的心理状态研究，因此这种方法最初也被称为"心理地理学"（psychological geography）。

不过人们很快就意识到这些问题，作为首先使用"网络"概念来进行社会分析的学者，齐美尔（G Simmel）指出："只有当大量的个人进行互动时，社会才会存在。"同时他进一步地阐释道："个人的集合不能成为社会，因为他们每个人都有一个客观决定或者主观决定的生活内容。只有当这些内容的生命力达成一种相互影响的形式，而且只有当一个个人对其他人有直接或间接影响的时候，个人从只不过是一个空间的结合，或者暂时性的过渡转变成为社会的时候，社会才会存在。"因此，人们将关注的焦点转向了社会结构，因为在任何一个社会组织中，一个个体支配其交往网络的程度，即该组织的集中化程度，会影响组织的效率、士气等多个方面，也影响到其中每个行动者的认知。

作为一种社会科学的研究方法，社会网络分析自 20 世纪 30 年代萌芽以来，发展至今已成为研究社会问题的重要手段，尤其是互联网的出现，使得以往只作为局部性和典型性的许多问题，越来越多地呈现出全局性与普适性的特点，在这种情况下，人们对社会网络分析寄予了更多期待，希望它能帮助我们更好地理解并改变所生活的世界。

3.2 网 络 科 学

3.2.1 定义与发展

计算机网络在现代社会生活中的重要作用，使得人们常常就将其等同于整个网络，但计算机网络只是众多网络形态中的一种，因此就如同信息一样，网络在不同的地方有着不同的含义，尤其随着大数据时代的到来，计算技术的快速发展，使得越来越多的数学家、物理学家开始研究一系列操控自然、社会和技术网络的普适原理，由此催生了一门新兴的交叉学科——网络科学，而网络则可以表示为

$$G(t) = \{ N(t) , L(t) , f(t) : J(t) \}$$

式中，t 为仿真或实际的时间；N 为节点，又称为顶点或"个体"；L 为链路，又称为边；f 为连接节点对以产生拓扑的映射函数；J 为描述节点和链路行为随着时间变化的算法。

简单的说，任何由边连接在一起的节点所组成的集合都可以称之为网络，而网络科学就是研究网络结构/动态行为，并将网络应用到很多子领域的理论基础，当前已知的子领域包括社会网络分析、协作网络（书目应用、产品营销等）、人造的涌现网络（电力网、互联网）、物理科学系统（相变等）和生命科学系统（传染病等），因此，在某个子网发现和验证的现象与规律，同样有可能适用于其他子网，即具有普适性。

网络科学的起源可追溯到"哥尼斯堡七桥问题"。18 世纪初，哥尼斯堡有一条河穿过，河上有两个小岛，有七座桥把两个岛与两边的河岸连接了起来，当时有人提出这样一个问题：是否存在一条路线，能够经过每座桥一次且仅一次，再返回到起点？这个问题引发了人们的巨大好奇，可在无数次尝试之后，却没人能

证实是否存在这样一条路线，直到欧拉出现。

针对"哥尼斯堡七桥问题"，欧拉证明了这样一条路径是不存在的，他先把两座小岛和河岸抽象成四个点，把七座桥看作连接四个点的边，如图 3-5 所示，因而问题就转换为从一个点出发，如何遍历所有的边一次，然后返回起点，而他的证明方法基于一个简单的观察：在网络上沿着"边"旅行时，拥有奇数条边的节点要不是起点，要不是终点，所以当一个网络中存在着奇数条边的节点超过一个时，那么满足哥尼斯堡七桥问题的路径就必然不存在，这个发现后来被称为是"欧拉路径"（Euler Path），而当图中存在一条路径包括每个边恰好一次，而且能最终回到起点时，这个闭合的路径就被称为"欧拉回路"。至此，一个新的数学分支——图论就此诞生，欧拉也因此被称为"图论之父"。

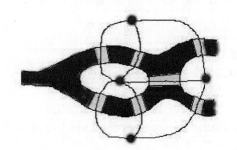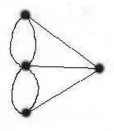

图 3-5 "哥尼斯堡七桥问题"与图论

可在随后近 200 年时间里，图论的发展却陷入了停滞，直到 20 世纪 50 年代，匈牙利数学家保罗·埃尔德什（Paul Erdos）提出了"随机图"，才使得图论重新回到了公众视野，并开始使用图论来对现实世界建模，比较著名的就是斯坦利·米尔格拉姆（Stanley Milgram）的"六度分隔"实验，他揭示了"小世界网络"的存在，并激发了人们对于网络拓扑结构如何影响人类行为的研究热情。

所谓网络拓扑结构，就是指网络上的节点以何种方式互联而形成的物理构成模式，每一种网络结构都由节点、链路和通路等几部分组成。在现代通信网络中，选择网络拓扑结构时通常要考虑如下几个因素。

（1）可靠性。在确保所有数据流能准确接收的前提下，还要考虑系统的可维护性，使得出现故障时便于检测和维修。

（2）经济性。在满足基本条件的情况下，要兼顾网络建设与使用的经济性。

（3）灵活性。选择的网络结构能较为方便处理节点的删除或加入。

（4）响应时间和吞吐量。在同等条件下，要尽可能地使响应时间短和吞吐量大。

网络拓扑结构主要有总线型、星形、环形、树型、网状和混合型，其中前三种是基本结构，其他的可通过这三种基本结构衍生或组合而得到。常见的网络拓扑结构如图 3-6 所示。

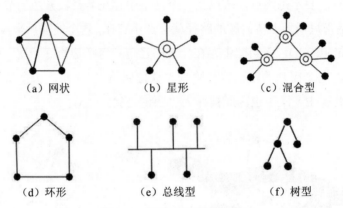

（a）网状　　　　　（b）星形　　　　　（c）混合型

（d）环形　　　　　（e）总线型　　　　　（f）树型

图 3-6　常见的网络拓扑结构

到了 20 世纪 90 年代，网络科学开始进入一个新的发展阶段，人们发现许多网络机制具有普适的特点，因而可以运用到各种不同学科，比如瓦茨（Watts）将网络中的小世界与材料中的相变、生物有机体的功能、电网的行为等联系了起来，而在网络结构中引入复杂系统理论之后，人们有了更大的发现，从而可以解释为什么哺乳动物心跳会规则同步，萤火虫会在没有集中控制的情况下有节奏地共鸣等现象，而巴拉巴西（Barabasi）发明的无标度网络，则进一步揭示了存在于网络、社会学、文字学等学科中共同的原理，网络科学也由此进入了一个高速发展的新阶段。大致说来，网络科学的发展可以分为如下几个阶段。

第一阶段（1736—1966）。这个阶段以欧拉解决哥尼斯堡七桥问题为标志，并随着图论的提出，网络科学开始进入历史舞台，而除了欧拉与图论，在这个阶段还有两个重要人物——克尔马克和麦肯德里克，他们的发现虽然在当时没有与网络科学联系起来，却在后续的研究中发挥了重要的作用。

克尔马克（Kermack）和麦肯德里克（McKendrick）发表了生物传染病的第一个数学模型，虽然这是一个非网络模型，却为两个重要的创新进行了铺垫：

（1）它解释了传染病是沿着网络中的节点而扩散的；

（2）它阐述了新事物进入网络后的传播途径，比如新产品、新思想等，对后来的社会学、经济学等带来了重要影响。

尤利（George Udny Yule）首次观察到进化中的偏好连接，几十年后，人们发现偏好连接在解释无标度网络中的重要作用。偏好连接是一种可以在许多学科中观测到的涌现行为，当新的节点接入网络中时，并不是随机地选择链接节点，而是与节点已链接的边的数量有关，网络中节点链接的边数量越多，就越有可能得到新加入节点的青睐，这种现象在现实生活中无所不在，比如人们耳熟能详的"富者越富"现象，当新的资金入场时，往往会选择市场中资金规模较大的项目，而不是对资金更渴求的小项目。

第二阶段（1967—1998）。哈佛大学心理学教授米尔格拉姆进行了一项影响深远的实验，即"六度分隔"实验，揭示了人类原来生活在一个"小世界"之中；几十年后，瓦茨和斯托加茨（Strogatz）再次研究了"小世界"理论，他们将米尔格拉姆的发现进行了一般化的推演，证明了在一个更大的稀疏网络中，当网络的节点数为 n 时，网络规模大小如果以 $O(n)$ 增长时，网络直径将会以 $\ln(n)$ 增加，即"小世界"理论在更大的社会范围中依然有效。

格兰诺维特（Granovetter）发表了《弱联系的力量》（*Strengthen of Weak*），这篇当初被多次拒稿的论文，目前成为社会学中引用次数最多的论文之一。格兰诺维特指出社会网络中除了家庭和亲密朋友之间的强联系之外，还存在着能发挥重要作用的弱联系，比如朋友的朋友，格兰诺维特曾讲述了一个找工作例子，这个工作来源于女朋友的哥哥，而这个只有数面之缘的人则是在一个舞会上偶然认识的。

在这个时期内，前期的传染病模型得到了更加深入和广泛的研究，尤其是如何借助这个模型来开展诸如网络营销等商业活动，成为了新的研究热点，而这个热点也随着计算机网络的发展以及新工具的出现，一直延续至今。在这个过程当中，"超级传播者"引起了人们的注意，他们相当于"零号病人"，有着远超一般节点的传播扩散能力。网络开始被看作一个耦合系统，它由节点（所取的值称为状态）和链路（输入和输出）构成，信号沿着链路传播，并更改途经节点的状态。

第三阶段（1998—）。虽然人们早就揭示了人际网络中"小世界"的存在，但20世纪末瓦茨和斯托加茨的发现却将这个理论推向了更广泛的应用领域，他们提出了一个简单的生成过程，在这个过程中只要在局部作一些细微的调整，就能引发全局性的重大改变，比如调整链路重新连接的概率 p，就能使网络在随机结构与非随机结构之间来回演变，这个发现的重要意义在于，如果把这个关键的转换点 p 与其他学科联系起来，它就具有了新的含义，比如在材料科学中，当物体从液态转变成固态时，这个转换点 p 就相当于相变的阈值。因此，小世界理论具有了某种通用性，在许多地方，比如在电影演员数据库、电力网、小杆线虫的神经网络等当中，都发现存在着小世界理论可以解释的现象。

接着巴拉巴西和阿尔伯特（Albert）发现了无标度网络的生成过程，其中的网络节点频率与度之间的关系曲线，会随着度的增加而急剧下降，也就是人们常说的"幂律分布"，接下来研究者进一步推导出幂律分布的精准公式描述，为米尔格拉姆所发现的"六度分隔"找到了理论上的解释，至此，网络科学的地位终于得以确立。

回顾网络科学的发展历程，其重要意义在于将各种原本互不相干的复杂网络联系了起来，找到了它们之间的共性，尤其是普遍存在的机制以及研究方法，从而使得人们可以借助一个网络中的成果来研究另一个网络，比如对于传染病的研究：

● 医学专家通过了解传染病的传播途径来制订预防与控制策略。

● 社会学家可以了解信息的传播渠道以及路径，包括知识、观点、时尚等。

● 商业用户制订有针对性的网络营销策略。

● 电气工程师能够借此避免电网的局部故障引发全局性的电力事故与灾难。

● 政治学家能借此探索地区性的动荡对于整个社会的影响。

现阶段网络科学主要有如下几个特性。

（1）涌现。霍兰德（John Henry Holland）认为"涌现"指一个系统中个体间预设的简单互动行为所造就的无法预知的复杂现象，在网络中涌现现象会导致网络状态的不断发生变化，直至达成某个稳态，比如偏好链接的存在，会让网络中逐渐形成非正态分布的结果。

（2）动态。网络中的动态行为通常是由于涌现而造成，或者是导致系统的稳态的一系列进化步骤的结果。这种动态存在于多种网络结构中，如互联网、生物系统、物理系统、社会系统等，因此只是分析网络的静态结构是不够的，还必须了解它们的动态属性。

（3）自治。按照涌现理论，网络并非由集中控制或者集中规划而形成，而是通过某种随机的"自愿"方式，当节点或者小的网络，与更大的网络接触并产生融合之后，就会逐步扩充网络的规模，比如大的交通网就是来自各级区域公路，但这些区域公路最初是按照各自的需要修建的，最后它们之间形成了贯通，形成了更大规模的交通网，同时这种融合又反过来吸引着其他区域公路的主动加入。

（4）自底向上演化。从上面对于交通网的讨论就可以看出，网络结构是从底部或者局部层次上升，然后到达顶部或者全局层次，因此网络是一种分布式而非集中式的结构，这一点从互联网的发展史也可以得知，它是由许多异构的网络不断融合而形成。

3.2.2　概念和结构

图是对于网络的抽象，根据网络科学的定义，图是由节点、链路以及二者之间的映射组成，可以表示为一个三元组。在静态图中，节点与链路不随时间而改变，因而映射也保持恒定，在动态图中，节点、链路和映射关系都随着时间而发生改变。

1. 图

网络是由对象以及它们之间的连线所构成的一种图形，在图论中，对象用节点（node）表示，它们之间的连线则表示为边（edge），例如对于表 3-2，将个人看作节点，存在朋友关系的节点用边相连，那么就可以得到图 3-7（a），在这个图中共有 6 个节点、7 条边，但是表 3-2 并非一个对称表，个体之间关系可能是单向的，比如马丽认为刘媛媛是自己的朋友，但反过来刘媛媛却不这么认为，因此这种非对称的关系更适合用有向图（directed graph）来表示，如图 3-7（b）所示。在社交网络中，非对称结构更为普遍，比如在微博中一些用户受到了成千上万人的关注，但他却不会反过来都关注所有的人，这种关注者（follower）与被关注者（followee）的网络是有向的。在本书中如无特别说明，所讨论的均为无向图（undirected graph）。

需要注意的是，英文单词"node"可同时翻译为结点或者节点，结点只是表示一个物理上交汇的点，而节点除了交汇点之意，还隐含有实体的意思，即具有一定处理能力的对象，比如生命体，所以在复杂网络中 node 一般都译为节点。

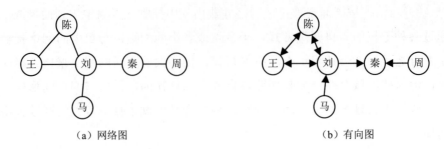

（a）网络图   （b）有向图

图 3-7　一个社会群体网络的例子

2. 路径与连通性

路径（path）是指图中任意两个节点之间的边所形成的集合，比如在图 3-7 中，从节点王出发到达节点秦有两条路径，分别是"王—刘—秦"或者"王—陈—刘—秦"，因此在一个图中，两个节点之间的路径不一定是唯一的。此外，还有一些特殊的路径，在经过若干条边（≥3）之后，能够返回到起点，形成了一个圈（cycle），比如图 3-8，它描述了 1970 年阿帕网的网络结构，在这个图里存在着多个圈，比如 MIT—LINC—CASE—CARN—HARV—BBN，如果仔细地观察，还会发现所有的边都属于至少两个圈，这种设计保证了当任意一条边出现故障时，不至于影响其他节点的连通性。

所谓连通性，是指在一个图中任意两个节点之间都有路径相通，而这种图就称为连通图。在某些网络中存在节点非完全连通的情况，比如在图 3-7（a）中，如果节点刘与节点秦之间的边断开了，原本的连通图就分裂成两个连通分量，这种断开可能是因为秦退出了社团，比如他毕业了，而作为节点周与社团的纽带，节点秦的退出很可能会导致节点周最终也脱离社团。因此网络存在着某种脆弱性，个别节点的行为发生变化，很可能会对整个网络结构产生重大影响，但不是所有的节点都能引发这种行为效应。在某些场合中，通过将一个连通图分解成若干个连通分量，这有着重要的价值和意义。

3. 距离与搜索

在一个图中，路径的长度是指路径中所包含的边数，比如在图 3-8 中，从 MIT 到 UTAH 存在着多条路径，若直接从 MIT 到 UTAH，则路径长度为 1，也可以经由 BBN—RAND—SDC，再到达 UTAH，此时的路径长度为 4，甚至可以再绕远一些，经过 UCLA 再到 UTAH，此时路径长度会更大。因此从节点 MIT

到节点 UTAH 就存在不同的路径长度，我们把其中最短的路径长度定义为距离（distance），比如从节点 MIT 到节点 UTAH 所有路径长度的最小值为 1，也就是它们的距离为 1。

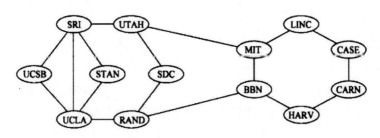

图 3-8　1970 年阿帕网的网络结构

　　路径的选择具有非常重要的现实意义，因为更长的路径意味着更高的成本，比如互联网通过层层转发来实现信号传送，最简单的方式就是采取广播式发送，但这种冗余方式意味着会给网络带来非常大的负担，另一种更可取的方式，是信号在经过路由转发时，有方向性地选择下一个路由；此外，网络中级联效应的存在，使得信号在传递过程会出现损耗，甚至会出现无法传达的情况。因此如何进行有效的搜索，能够缩短连接的路径，成为网络通信的一个重要问题，一般有如下两种主要算法。

　　宽度优先搜索（Breadth First Search，BFS，又称广度优先搜索、先宽搜索）算法，是最简便的图的搜索算法之一，同时也是很多重要的图的算法的原型，这种算法展开并搜索图中的所有节点，以找寻结果，由于不考虑结果的可能位置，因此只是盲目地进行遍历。

　　深度优先搜索（Depth First Search，DFS）算法，与 BFS 算法不同，这种算法先对每一个可能的分支路径深入到不能再深入为止，再返回至临近的分支，重复上述过程，直至找到结果。

　　宽度优先搜索算法与深度优先搜索算法对比如图 3-9 所示。

　　4. 网络的结构

　　由于网络结构的泛在性，使得图论被应用在了许多跨学科的领域，厘清一些基本的概念将有助于对于网络科学的学习与研究，这里以图 3-10 为例，来进一步阐述有关的内容。

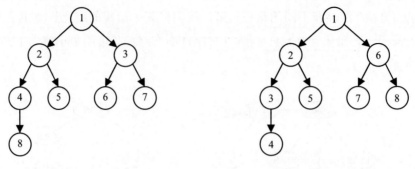

（a）宽度优先搜索算法　　　　　　　　（b）深度优先搜索算法

图 3-9　宽度优先搜索算法与深度优先搜索算法对比

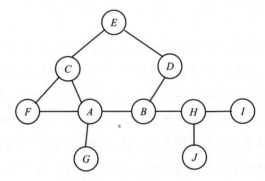

图 3-10　一个典型的图

（1）直径和半径。在图中任意两个节点之间最长的路径称为图的直径，比如在图 3-10 中，两个节点之间最长的路径为 *GAFCEDBHI*、*GAFCEDBHJ*，即该图的直径为 8。同时，从一个节点到连通图的所有其他节点的最长路径称为该节点的半径，比如节点 *B* 到其他节点的最长路径为 *BDECFAG*，也就是 6，在一个图中，具有最小半径的节点就是图的中心，图 3-10 中各节点的半径及其路径如表 3-3 所示，其中半径值最小的是 *C*，它的值是 5，这可能与直观的结果会有些出入，因为只是根据图形，我们可能会选择 *A* 或者 *B*。同时，节点半径值最大的称为边沿节点，在图 3-10 中，有 3 个边沿节点 *G*、*I*、*J*，这个与直观的结果是吻合的。

表 3-3　各个节点的半径路径及其值

节点	半径的路径	半径的值
A	*AFCEBHI*、*AFCEBHJ*	7
B	*BDECFAG*	6

续表

节点	半径的路径	半径的值
C	CFABDE、CFABHI、CFABHJ	5
D	DECFABHI、DECFABHJ	7
E	ECFABHI、ECFABHJ	6
F	FCEDBHI、FCEDBHJ	6
G	GAFCEDBHI、GAFCEDBHJ	8
H	HBDECFAG	7
I	IHBDECFAG	8
J	JHBDECFAG	8

（2）度。度（degree）是指图中某个节点同时连接的节点数，比如在图 3-10 中，节点 A 的度是 4（与 4 个节点相连），其他的节点都在 4 以下，其中节点 G、I 和 J 的度只有 1，无疑地，在这个图中 A 具有比较重要的地位，这与直接观察的结果也是相符的。度不仅可以反映出节点在图中的地位，同时能够通过它来衡量相邻节点的重要性，比如在图 3-10 中，对于节点 B 而言，节点 A（度为 4）的重要性显然超过节点 D（度为 2），因为节点 A 的邻接更多，就意味着能带来更多的资源。

节点 I 的度可以用式（3-1）来定义：

$$C_D(v_i) = d_i = \sum_j A_{ij} \tag{3-1}$$

如果是比较不同图中节点的重要性，那么可对度的值实施规范化：

$$C_D'(v_i) = d_i / (n-1) \tag{3-2}$$

式中，n 表示节点 v_i 所在图的节点总数。以图 3-10 中的节点 A 为例，节点 A 的度为 4，节点总数为 10，所以规范化后的节点 A 的度值为 4/10。

"中心性"（centrality）是复杂网络中的一个重要特性，它可以反映一个节点在网络中所处的地位，比如在社会关系中，哪些人最具影响力、最活跃；在疾病传播网络中，哪些人最危险；在交通或者通信网络中，哪些节点负载量最高；等等。这些都可以通过中心性来进行度量，在复杂网络中，中心性主要有三种，除了度中心性外，还有介数中心性和紧度中心性，而度中心性无疑是其中最简单直观的一种。

（3）介数和紧度。可是仅仅通过度中心性，有时无法准确地反映复杂网络中不同节点的作用和价值，比如在图 3-11 中，尽管节点 *B* 和 *H* 的度都为 3，但是只是通过观察就能发现，节点 *B* 的重要性更高，这种情况可以通过介数来进行描述。

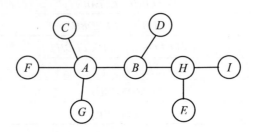

图 3-11　介数和紧度

节点 *v* 的介数（betweenness）是指图中所有节点（除了 *v*），到所有其他节点必须通过节点 *v* 的路径数量，节点 *v* 的紧度（closeness）是指图中所有节点到其他节点必须通过节点 *v* 的有向路径数量。介数和紧度可用于度量中间节点的有用性，比如在图 3-11 中，节点 *B* 和 *I* 不经过节点 *H* 就无法连通，那么认为在子网 {*B,H,I*} 中，节点 *H* 有超过节点 *B* 和 *I* 的有用性，相当于中介的作用。

介数可以看作一条干道，通过计算通过其中的流量，来衡量其在整个网络中的地位和作用，因此相对节点的介数，边的介数在度量网络特性时更有价值，同时在计算时也比节点的介数更为简便，比如对于图 3-11 而言，边 *AB* 各自连接了若干个节点，其中节点 *A* 连接了 4 个节点（*A*、*C*、*F*、*G*），节点 *B* 连接了 5 个节点（*B*、*D*、*E*、*H*、*I*），因此在这个网络中，边 *AB* 的介数就为 4×5=20；同理，对于边 *BH*，它的介数就为 6×3=18，也就是说，在图 3-11 的网络中，边 *AB* 比边 *BH* 更重要。

（4）聚集系数。聚集系数（cluster coefficient）是指与某个节点相连的其他节点，彼此之间也相连的属性值，比如对于节点 *A*，其聚集系数为

$$\frac{\text{与}A\text{相邻的节点之间存在的边数}}{\text{与}A\text{相邻的节点之间可以存在的边数}}$$

比如在图 3-11 中，对于节点 *A* 而言，共有 4 个节点 *B*、*C*、*F*、*G* 与之相邻，它们之间可以形成的边有 *BC*、*BF*、*BG*、*CF*、*CG*、*FG*，但实际上却只有节点 *C* 和 *F* 之间存在着边 *CF*，所以节点 *A* 的聚集系数为 1/6。聚集系数反映了一个节

点的邻居中，它们之间的关系紧密程度。在社会网络中，聚集系数可以表述为"我的朋友，他们之间有多少也是朋友"。

（5）邻里重叠度。由于网络是由节点相互连结而形成的边所构成，因此对于节点之间的相互作用和影响，可以通过与其相连的其他节点来度量，其中邻里重叠度（neighborhood overlap）就是其中之一，所谓邻里就是相连的节点，所以对某一条边（节点为 A 和 B）而言，其邻里重叠度的计算公式如下：

$$\frac{与A、B均为邻居的节点数}{与A、B中至少一个为邻居的节点数}$$

比如在图 3-10 中，边 AF 共同的邻居为节点 C，除此之外还有节点 B、G 与之相连，因此邻里重叠度就为 1/3。邻里重叠度反映了两个节点之间的关系紧密程度，当邻里重叠度等于 1 时，就会形成一个局部的全连通网络。在社会网络中，邻里重叠度可以表述为"对于两个朋友而言，他们的朋友之间有多少也相互是朋友"。

（6）嵌入性。邻里重叠度也可以通过嵌入性来表述，所谓嵌入性（embeddedness），就是指与某条边的两个节点都相连的节点数，比如图 3-10 中的边 AF，其嵌入性为 1，因为与节点 A 和 F 都相连的节点只有 C，因此嵌入性就是邻里重叠度的分子。在社会学中，嵌入性意味着两个节点之间共同点的程度，如果两个节点由嵌入性很高的边相连，他们就比较容易相互信任，换言之，如果两个人发现他们之间共同点（朋友、兴趣、爱好等）很多，就比较容易相互接纳，任意一方的背叛行为，都会引发其他朋友的负面评价而带来严重后果。

3.3　网络动力学

3.3.1　同质性

网络是由节点相连而形成的，可是在一个群体中，为何有些节点能形成明确而稳定的关系，而有些却不行？在化学中有一个"相似相溶"原理，指的是结构相似的物质更容易相互混溶，这种结构的相似性由分子的极性所引起，进一步可归因到原子的大小与其电子构型，以及所对应的离子大小与其构型。这个原理不仅能解释分子运动，也能解释存在于其他领域的一些现象，比如一个人对于信息的理解，就与其自身的知识水平、知识结构、社会阅历、所处环境、工作性质、心理特征、信息获取及处理能力、思维方式方法等密切相关，而这种由相似性而形成的同质特征，是节点能够相互连结成网络的重要动力学机制。

"同质性"是社会网络结构分析的核心概念之一，它表明了存在于不同个体当中的共同特征，它既可以是生物性的，如性别、年龄等，也可以是社会性的，如教育程度、文化信仰、价值观等。俗话说，"物以类聚、人以群分"，是因为人们都有选择和自己相似的人建立社会连接的倾向，所以借助同质性就能够解释个体行为背后的动机和成因。

在同一个网络中，选取不同的特征项会得到不同的网络快照，对于一个人类群体而言，最常见的特征项就是性别，除此之外，还有民族、学历、年龄、收入、婚否等，那么如何判断一个网络是否具有某种特征项的同质性呢？以性别为例，在如图 3-12 所示的社交网络中，白色节点代表男性，灰色节点代表女性，所谓网络具有性别的同质性，就是指在这个网络中，一个节点具有男女朋友的性别比例，与整个节点中男女性别比例是相同的，这个结果可以通过公式来进行计算。

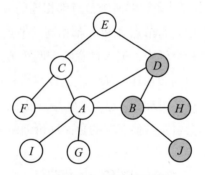

图 3-12　一个社交网络

假设在一个社交网络中，男性节点的比例为 p，女性节点的比例为 q，那么一条边两个端点都为男性的概率为 p^2，都为女性的概率为 q^2，为一男一女的概率为 $2pq$，也就是跨性别的边的概率是 $2pq$，所以，如果在这个网络中跨性别的边所占的比例显著低于 $2pq$，这个网络就存在性别的同质性现象，比如在图 3-12 中，节点总数为 10 个，其中男性 6 个，女性 4 个，所以 p=6/10，q=4/10，$2pq$=48/100，而边的总数为 12 条，其中跨性别的边为 3 条，因此跨性别的边占整个网络边数的 1/4=25/100，远小于 $2pq$ 的 48/100，也就是说该网络存在着性别的同质性现象，这点通过对图的观察也可以得到，男女节点各自都集中在自己的群体之中。

可是，在一个网络中会同时存在多个特征项，除了性别，年龄、阶层等都是社交网络中比较常见的特征项，同时，某些特征项可能不止一个取值，比如民族等，可无论是相异的特征项，还是特征项的取值多于两个的情况，都可以使用这个公式来进行计算，这样一来网络中的节点就可以被分为多个类。

同质性有两种不同的作用机制：个体选择与社会影响。个体选择是个体根据自身偏好主动地选择建立社会连接，如各种社团组织等，都是个体选择所形成的群体；社会影响则是身处网络中的个体，为了保持与朋友的一致而发生的行为改变，比如"肥胖是可以传染的"，指的就是个体受到好朋友的影响，最后在审美观与生活习惯等方面发生了改变所产生的行为结果。这两种作用同时存在，并可以通过追踪网络状态图、结构特征等来判断出社交网络对于个体的主要作用机制。

同质性被应用在多个领域，尤其是社交网络兴起之后，对于同质性的探寻将有利于揭示各种网络行为背后的成因，比如基于微信朋友圈的网络营销。

首先，社会影响发生效用的前提是个体认可了群体的价值，所以当某种选择被群体认可后，个体大多会选择跟随，也就是人们常说的"从众心理"，在这种情况下，营销只需在群体中促成一定程度的购买行为甚至只是意向，就能很快地产生"鲶鱼效应"，引发一系列营销者所期望的个体行为选择。

其次，在社交网络中节点的级联方式会导致效用的逐步递减，例如"三度影响力"就认为，如果两个个体之间关联的人数超过了"三度"（朋友的朋友的朋友），就只能传递信息，而无法施加影响，如图 3-13 中 C 与 G 之间的最短关联路径就超过了"三度"。但在微信朋友圈中，对于营销者而言个体之间的关联都是"一度"的，且大多为熟人网络，因而具有更强的行为影响能力。

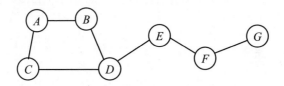

图 3-13　一个包含 7 个节点的社交网络

最后，朋友圈存在的多重连接会产生信息的叠加作用，以图 3-13 的社交网络为例，假设 A 发布了某个营销信息，则 B、C 和 D 都会收到这个信息，一旦他们当中有人作出了某种反应，例如点赞、回复或者转发，那么这种反应会再次影响到另外的人，如此循环重复，进而对整个群体的行为选择都会产生影响，而当某个节点收到的相同信息超过某个值之后，就会导致其行为发生改变，这个可以通过线性阈值模型进行描述。

阈值模型是指在社交网络中，如果一个节点采取行动的朋友数超过某个值，就会导致这个节点的行为发生改变。虽然对于不同的事物，这个影响阈值会有所不同，但不失一般性，可以取这个值为 0.5，即当朋友中有超过一半的人（如果各人的权重值不同，则为"人数×权重值"），他们认可或者否定某个事物时，此时节点行为就会发生相应的改变。因此在阈值模型中，对于一个有 n 个邻接点的节点 i，假设阈值为 t_i，邻接点 j 施加影响的强度为 $b_{j,i}$，那么满足以下条件时节点 i 的行为将发生改变：

$$\sum_{j=1}^{n} b_{j,i} \geqslant t_i$$

以图 3-13 为例，假定节点 D 的阈值 t_D 为 0.5，与节点 D 相连的节点 A、B、C 对其施加的影响强度分别为 $b_{A,D} = 0.4$、$b_{B,D} = 0.2$、$b_{C,D} = 0.2$，其中节点 A 由于同时与节点 B、C、D 都有连接，处于子网 $\{A,B,C,D\}$ 中相对中心的位置，因此影响强度较大。如果节点 B 想改变节点 D 的行为，由于 $b_{B,D} < t_D$，因此无法实现；但如果节点 A 也受了节点 B 的影响而发生了行为改变，此时就有 $b_{B,D}+b_{A,D}=0.2+0.4=0.6$，已经大于阈值（$t_D=0.5$），因此节点 D 也会发生相应的行为改变。

从上面模型中可以得知，节点的行为改变与所接受的信息强度成正比，因此，当某个消息在社交网络中得到的认同越多时，比如转发、点赞等，就越有可能产生叠加作用并导致节点行为的改变，这个同样可以通过社交网络分析得到解释——因为相比于整个社交网络，人们更在意的是与自己直接相关联的人是否保持行为一致。

3.3.2　平衡原理

结构平衡原理源于 20 世纪 40 年代，美国社会心理学家弗里茨·海德（Fritz Heider）首先提出了能导致个体态度改变的"平衡理论"，随后弗兰克·哈雷拉（Frank Harary）等用图论方式对其进行了描述，并将该理论推广到一般化的网络当中。因此，尽管网络一直处于动态的变化当中，但在某个时间段之内，它会呈现出相对的稳定，这种稳定与网络的结构有关，它会使网络具有某种惯性，维持着网络结构的平衡。结构平衡理论是进行社会网络分析的一种重要理论，对于群体之间的行为演化研究具有重要的价值与意义。

1. 三元闭包

在现代社会中，有孩子的家庭比没有孩子的家庭往往更加稳定，因为前者所形成网络结构对阻止家庭的分裂起到了重要作用。父亲、母亲和孩子之间形成了一种闭合关系，如图 3-14 所示（这里将孩子看成一个单一节点，而无论其数量），任何一方都会像"黏合剂"，保持着网络的均衡与稳定，所以孩子的存在一方面让父母之间很难完全断绝关系，另一方面即便关系断开了，也有更大可能能够复合。

如果把父亲、母亲和孩子（或者孩子们）各看成一个节点，那么图 3-14 所示的结构称为"三元闭包"（triadic closure），也就是在一个社会关系中，两个个体有着共同的关联者。三元闭包在社交网络中有着非常重要的作用，许多原本不存在的关联会因为三元闭包原则而出现，比如两个不相识的人会因为共同的朋友而结识，如图 3-15（a）所示，图中的节点秦和节点马原本互不相识，但因为都是节点刘的朋友，最后可能经过他的牵线而认识，并在网络中形成新的边，如图 3-15（b）所示，而且这种影响具有级联效应，因此在节点秦和节点马建立连接之后，节点周和节点马有可能因为节点秦而结识，使得网络上又会形成一条新的边，这与我们生活的实际经验是相符的。

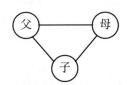

图 3-14　婚姻中的"三元闭包"

三元闭包在社交网络中具有重要价值，因为节点之间的联系不只是认识，还包括思想、情感、行为等方面的影响，因而能根据三元闭包中任意两个节点的共同特征，来推断出第三个节点的偏好，也就是物以类聚、人以群分。

2. 桥与捷径

所谓"桥"（bridge），就是网络中那种特殊的边，一旦它断开，就会使网络分裂成多个连通分量，比如前面在介绍连通性时提到，如果节点秦因为毕业而退出社团，就会使原来的连通图分裂成两个连通分量，那么节点刘和节点秦之间的边就是"桥"。桥在社交网络不具有稳定性，因为三元闭包原则的存在，新出现的边会使原有的桥失去它在连通作用上的唯一性，也就是这条曾经作为桥的边消失了，网络也不会分裂成几个连通分量，比如在图 3-15（a）中，原本作为桥的"刘-秦"边，因为三元闭包原则，使得节点马和节点秦结识了，如图 3-15（b）所示；进一步地，节点马和节点周因为都是节点秦的朋友，然后他们也相识了，也就是形成了"马-周"边，如图 3-16（a）所示，所以当节点秦因为毕业而脱离社团时，甚至节点秦与节点周的关系也断开了，节点周因为与节点马有边相连，所以也不会脱离社团，如图 3-16（b）所示。

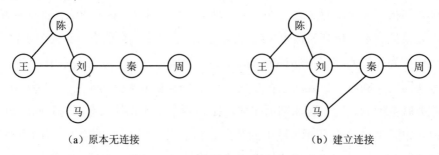

图 3-15　朋友中的"三元闭包"

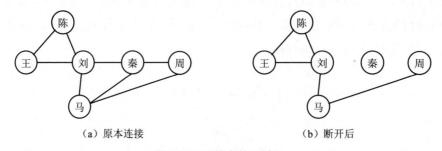

图 3-16　网络中的"桥"

在更大的网络中还存在一种特殊情况，如图 3-13 所示，节点 A 和节点 B 之间并不是桥，因为还有其他路径可以使这两个节点相连，但由于这个网络太大，节点 A 和 B 都没有意识到这一点，而且它们也没有共同的朋友，使得它们以为自己就处于"桥"的两端，在这种情况下，这条边就称为"捷径"（local bridge）。"捷径"在生活中也无处不在，比如 A 和 B 各自带着自己的朋友 C 和 D 参加聚会，原本都互不相识，当 C 和 D 因为 A 和 B 结交后，发现原本他们都有共同的朋友 E，这时节点 A 和 B 就不再具有"桥"的作用和价值了。

3. 强联系与弱联系

在社交网络中对于关系强弱的区分，很难用量化的方式来实现，因为它是相对的，同时也与个体主观感受有关，会随着时间、地点、事件等的不同而发生改变，比如在学校里认为是强关系的好朋友，当放假回家之后，他们的亲密度和重要性就会降低，等到开学返校之后可能又会回复到以前的状态，所以强弱关系在网络分析中更多只作定性分析。

可是，我们可以从另一个方面来探讨网络中的强弱关系，即根据所连接的节点的属性来判定关系的强弱，因为在网络中一个节点的重要性越高，就越能得到其他节点的青睐，也就越能带给其他节点更多的网络资源，因此其他节点有更强的动力与之相连并维持这种关系。这种现象同时存在于个体与群体当中，可通过一些量化方式来区分网络中不同关系的重要性，这种区分来自一种朴素的直觉，即：关系的重要性通常与节点的重要性，存在着高度的正相关，也就是一个节点在网络中越重要，那么对其他节点而言，就越有意愿与之相连，并维持紧密而稳定的关系，因而重要节点往往就是网络中那种连接的边数明显超过其他节点的节点。

4. 正关系与负关系

在网络中除了强弱关系之外，还存在正负关系。在海德的"平衡理论"中，存在着一个"*P-O-X*"的三元组，因此该理论又称为是"*P-O-X* 理论"，其中 *P*（Person）为认知者，*O*（Other Person）是与认知者 *P* 相对应的个体，*X*（attitude object）是认知对象。3 个要素之间的关系有两种：*P* 与 *O* 之间的感情关系，包括肯定关系（正，positive relationship）和否定关系（负，negative relationship）；此外，*P* 与 *X*，*O* 与 *X* 之间人或物的所属、所有等单位关系，也包括肯定（正）关系和否定（负）关系，因此 3 个要素和 2 种关系构成认知者 *P* 的认知系统，共包括 8 种认知状态，其中有 4 种均衡状态和 4 种不均衡状态，"+"表示正关系，"–"表示负关系，具体如图 3-17 所示。

在图 3-17（a）中，*P*、*O* 和 *X* 之间都属于正关系，那么意味着 *P* 和 *O* 都具有相同的认知对象 *X*，比如两个朋友都有共同的爱好等，因此这个结构是平衡的，也就具有稳定性。类似地，在图 3-17（b）中，*P* 和 *O* 都排斥或者反对共同的对象 *X*，比如两个人都不喜欢某一个人，因此这个结构也是平衡和稳定的。但是在图 3-17（c）中，*P* 和 *O* 对于共同的对象 *X* 却存在截然相反的看法，比如两个人在价值观方面存在着巨大差异，那么最后很可能会渐渐疏远，甚至断绝往来，所以这个结构是不平衡的，存在着分裂或者演变的可能。

如果将平衡理论应用在社交网络中，把 P、O 和 X 看成三个人或者团体，就会得到相似的结论，比如在图 3-17（h）中，P、O、X 两两对立，那么其中任意一方都有意愿与另一方结盟，以对抗第三方，比如历史上的"三国演义"，为了抵御强大的曹魏集团，刘备与孙权选择了结盟。

负关系是一种破坏的力量，会导致网络出现分裂，对于局部的少数节点，三元闭包结构的存在能在很大程度上抵消这种力量，如前面提到的家庭三元组，假设夫妻分别是 P 和 O，孩子是 X，起初所有人关系都很融洽（正关系），如图 3-17 中的（a），后来夫妻之间出现了矛盾（负关系），如图 3-17（g）所示，但由于孩子与 P 和 O 都还保持着正关系，因而在他的牵线斡旋下，P 和 O 的关系很可能得以修复，从而恢复成最初的正关系。

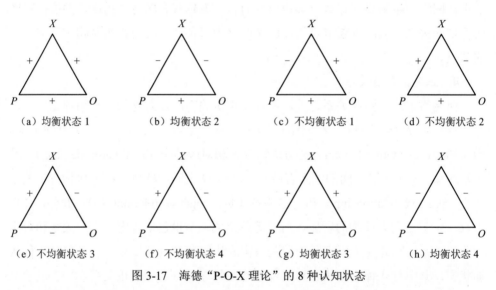

图 3-17　海德"P-O-X 理论"的 8 种认知状态

可是，对于较大网络群体中的负关系，三元闭包要不使整个网络趋于统一，全部演变为正关系；要不就会导致整个网络分裂成两个对立的子网。弗兰克·哈拉雷在 1953 年对此予以了证明，并称之为"平衡定理"（balance theorem），该定理指出，在一个完全图（图中任意两个节点之间都有边相连）中，要么它的所有节点都是正关系，要么分裂成两个组，在这两个组中任意两个节点都是正关系，但在组与组之间的任意两个节点都是负关系。

平衡定理的演变源自一个生活的常识，即：朋友的朋友还是朋友，敌人的朋友则是敌人。因此，当一个人与他人产生矛盾时，在他的周边就会出现两个"圈子"，其中一个圈子都是朋友，而另一个圈子都是敌人，如图 3-18 所示，节点 X 与左边集合中的节点都是朋友，比如节点 A、B 等，而与右边集合中的节点都是敌人，比如节点 C、D 等，由于三元闭包原则的存在，那么他的朋友彼此也会是朋友，而他的敌人彼此也会是朋友。比如节点 X 与节点 A 和 B 都是朋友，那么节点 A 与节点 B 会因为都和节点 X 友好而成为朋友，或者节点 X 与节点 A 是朋友，同时节点 A 与节点 B 也是朋友，那么节点 X 和节点 B 也会因为都和节点 A 友好而成为朋友，同理可以推断出节点 X 敌人的演化过程。

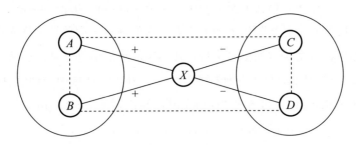

图 3-18　哈拉雷"平衡定理"的演化过程

3.3.3　级联效应

"级联"的英文 cascade 原本是指像瀑布一样连续地落下，因此"级联效应"（cascade effect）可引申为由单个节点所产生的作用力在网络中传播所形成的群集效应。级联效应在各类网络中随处可见，像生物网络中的病毒传播就是其典型例子，病毒从某一个个体（病源）出发，然后借助某种关联方式（比如食物链、聚居地、社会活动等），在群体中不断地传播与蔓延，而作为高等动物，在人类社会中存在着一些更为复杂的级联效应现象，其中模仿和从众是其两种重要的作用机制。

"模仿"（imitation）普遍存在于各类生物体，这种通过观察其他个体的行为表现来改进自身行为的能力，将有助于生物体更好地适应环境，提高生存的概率，这在社会性动物身上更为显著，所以模仿又被称为"社会性学习"（social learning）。法国社会学家塔尔德（Jean Gabriel Tarde）认为模仿是一种"基本的社会现象",对社会的发展与存在起到了重要作用,因为"经由群体内发明意识较差的大众或者劣者的模仿,优秀个体的发明或者创造能得以普及",在其 1890 年出版的《模仿律》(*Laws of Imitation*)一书中提出了模仿的三个定律:

(1)下降律:社会下层人士具有模仿社会上层人士的倾向。

(2)几何级数率:在没有干扰情况下,模仿一旦开始便会以几何级数增长,迅速蔓延。

(3)先内后外律:个体对本土文化及其行为方式的模仿与选择,总是优先于外域文化及其行为方式。

模仿是一种简单的行为复制(act of copying),更多的出于生物本能,而从众则有所不同,它更多是指在人类社会中,个体主动或被动地与其他人保持一致的行为模式,比如旅游时在陌生的地方就餐,人们往往会简单地选择人多的餐馆,认为其在味道、价格等方面更具优势,在这里,人们借助了从众中所隐含的社会信息,比如某种类似 KFC 的认证标志等,来弥补陌生环境中物理信息的不足。

从众(conformity)的词根"conform",其拉丁文"conformare"有"按照某种标准行动"(action in accordance with some standard)之意,艾略特·阿伦森(Elliot Aronson)在《社会性动物》(*The Social Animal*)将从众定义为"由于受到来自他人或者群体的真实或者想象的压力,一个人的行为或意见发生了改变",这种压力在所罗门·阿希(Solomen Asch)的知觉判断实验(图 3-19)中得到充分展现。实验中被测者要求选出与参照物 X 长度最接近的直线,在没有干扰的情况下,几乎所有人都能作出正确的判断(直线 B)。可如果在被测者表态之前,有越来越多的人(实际上是有意安排的实验助手)都选择同一个错误的答案(比如 A),一些被测者就会对自己的判断产生动摇,此时如果被要求公开答案,他们就有可能选择与群体保持一致的错误答案,而且实验结果表明,这个比例高达 35%。

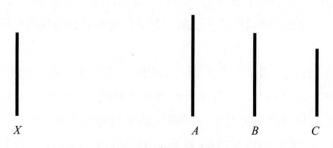

图 3-19　阿希的知觉判断实验

　　在阿希的这个经典实验当中，被测者之所以改变初衷，可能出于两个原因：一个是对自己最初的判断产生怀疑，以为自己弄错了；还有一个就是来自群体的压力，被测者为了获得他人认同，而作出违心之举的选择。因此，从众往往会导致群体凝聚力的增强，但过分排斥不同观点也有可能引发一些问题，在严重而极端的情况下，甚至会导致灾难性的后果。显然，社会中存在着增强或者减弱从众现象的因素，阿伦森在《社会性动物》中对其进行了总结，主要包括如下几点。

　　1. 一致性

　　在群体中只要出现一个异议者，就会使从众的力量大为削弱，比如在阿希的实验中，哪怕前面所有人都回答 A，但只要有一个人回答 C，被测者就更有可能坚持自己的判断，而不会屈从于群体的选择；反之，一旦形成了某种一致性，哪怕只有几个人（通常是 3 个人及以上），都会形成从众的群体压力。

　　2. 表态

　　如果一个人在一开始就发表了自己的意见，那么此后哪怕受到了其他人的反对，他仍有更大的可能性选择不从众，也就是说，个体的公开表态是在受到群体压力之前还是之后，将对其从众行为产生重要影响。

　　3. 责任

　　当一个人被明确地告知，其要尽可能地为群体意见负责时，人们有更大的可能性遵循自己的判断，而不是选择从众，否则的话，人们很多时候会为了息事宁人而迎合他人的意见。

　　4. 个体与文化

　　个体的性格、经历都会对从众产生重要影响，比如参与过阿希实验的人相对而言，会比没有参加过类似实验的人更不容易从众。

　　5. 施加压力的群体

　　当施加群体的成员由专家组成，或者对个体而言地位重要，或者与个体类似，在这几种情况下，个体会表现出更多的从众性，比如在公共场合中，相对于普通人，人们更愿意听从身着制服工作人员的指挥与安排。

　　除了压力，级联效应同时也与利益有关，通过模仿或者从众，人们能够满足自己的某种期待，时尚的流行、新技术的推广等，其中都能看见利益驱动的身影。进入网络时代后，越来越多的级联效应源自受益的渴望，而非压力，因为群体压力与环境的公开程度有关，当私密性增加以后，受迫的从众可能性就会降低，比如在阿希的实验中，如果不是公开表态，而是通过匿名纸条的方式，哪怕与其他人的答案相悖，被测者仍有更大可能坚持自己的选择，因此，当互联网赋予了节点更多的私密性与自主权后，人们也就有了更多的满足自利的空间，使得级联效应成为理解个体行为的重要动力学机制。

为了更好地理解级联效应，假定存在这样一个网络，其中的节点按照某种顺序依次作出决定，比如从编号 1 的节点开始，然后到节点 2，如此等等，同时这个决定是针对某个选项所作出的接受或者拒绝，那么构造一个网络级联模型就有如下先决条件：

（1）网络节点需要作出一个决定，比如购物、投票等。

（2）网络节点在不同的时间依次作出决定，且可以获知此前其他节点的决定。

（3）每个网络节点都有一些私有信息，以帮助它们作出选择。

（4）网络节点只能从其他节点的决策中来推断它们所拥有的私有信息，而无法直接获取这些节点的私有信息。

在满足上述条件的情况下，一个级联效应的模型将由以下 3 个要素组成：

（1）状态：在所有节点选择之前，整个系统处于好与坏的随机状态中的一种，比如一家新的餐馆，餐馆里的食物可能很合口味，也可能不是，然后节点根据获得的信息来辨别系统处于哪个状态。若最终证明是一个好的选择（比如合口味），则用 g 表示，否则用 b 表示，同时这种辨别存在着或然性，那么用 $P(g)$ 表示好选择的概率，而 $P(b)$ 表示坏选择的概率就等于 $1-p$，同时可知 $P(g)+P(b)=1$。

（2）回报：节点无论选择接受或拒绝一个选项，都会得到相应的回报，比如给两个候选人 A 和 B 投票，对于选项 A 而言，若节点直接拒绝，则该选项回报为 0；若接受，则回报可能为正 v_g（候选人 A 达到了节点的预期），也可能为负 v_b（候选人 A 没有达到节点的预期），此外在接受的情况下，如果节点没有任何的预期（比如由于），此时回报也为 0。

（3）信号：对于节点而言，在作出选择之前会获得一些信息，并促使节点针对某个选项作出接受（高信号），或者拒绝（低信号）的决定，比如根据自己过去的消费经历，在面对众多选项时，更倾向于某家连锁商店或者某个品牌。

在上述级联模型中，节点将综合私有信息与前面节点的决策，来选择接受或者拒绝某个选项，在这个过程当中，每个节点的私有信息是隐藏的，其他节点只能通过它的决策来进行理性分析，以对自己的决定提供辅助，其过程如下：

（1）对于编号 1 的节点而言，它将完全依赖于私有信息。

（2）对于编号 2 的节点，其决定来自私有信息与节点 1 决策的信号综合，若两个信号相同，则很容易作出一致的决定；若两个信号不同，则与任何一个信号保持同步都有可能，比如对于无关紧要的事，人们有更大的可能选择私有信息，而对于比较重大的事情，此时如果节点 1 恰巧又是前面提到的权威人士或者重要的人，那么节点 2 有更大的可能性会采纳节点 1 的选择。

（3）从编号 3 的节点开始，就需要对信息进行更为复杂的综合，排除节点的差异性，而将所有节点平权对待，那么针对某个选项，前面的节点选择接受的数量为 N_a，选择拒绝的数量为 N_r，就有：

1）$N_a=N_r$，最后的决定将依赖节点的私有信息。

2）$|N_a-N_r|=1$，此时若私有信息与占优势的信号相同，则强化优势信号，并作出与优势信号相同的决定；若私有信息与占优势的信号不同，则会使接受与拒绝的信号强度相同，此时将回到上述节点 2 信号不同的情况，选择接受或者拒绝皆有可能。

3）$|N_a-N_r|=2$，则意味着某种信号开始处于绝对的优势，此时如果该节点选择优势信号，将会进一步地加强优势信号，级联效应就此形成；可是，如果该节点选择弱势信号，整个系统将会回到 b 所示的状况。

级联效应可以帮助我们理解许多身边的社会现象，比如在进行网络购物时，对于那些从未有人光顾的店铺，或者前面的顾客没有留下可供参考的评价信息，那么人们会更多地根据私有信息作出选择，像对价格敏感的人就会冒险尝试选择低价的网店；如果这个店铺已经有了购买评价，那么这些评价就会作为重要的参考，以帮助选择。可是从上述例子中，也可以发现网络中级联效应所存在的一些问题：

（1）级联可能是错误的，尤其当信息量不够时，某种巧合或者假象就会导致节点作出错误的判断，比如在一个新的店铺中，只有几条信息且都是好评，除了是真实的顾客评价之外，也可能是店铺刷出来的信用。

（2）级联可能基于很少的信息，因为一旦级联开始，节点往往就会遵循"简单多数"的原则，而忽略自己的私有信息，也就是常说的"随大流"。

（3）级联较脆弱，尤其是网络当中，由于无法获得全面而确切的私有信息，节点往往对负面信息会比较敏感，比如网购中的差评，哪怕只有为数不多的几条，也会让人们选择时踌躇不定，或者进行评价时有失偏颇，由此一来就会对级联效应造成破坏。

3.4 复杂网络现象

3.4.1 六度分隔

1967 年，米尔格拉姆教授从内布拉斯加州和堪萨斯州招募到一批志愿者，并选择了其中的三百多名，请他们邮寄信函给一名住在波士顿的股票经纪人，如果志愿者无法直接送达，他必须回发一个信件给米尔格兰姆本人，同时要委托下一个他认为最有可能完成这项工作的人，并对其告知，如果也无法直接送达，就要重复上述的过程，如此下去，直到信函传递给目标人为止，最终，有六十多封信到达了股票经纪人手中，而通过计算，这些信函经过的中间人平均只有 5 个，也就是说，在两个陌生人之间最多只需经过 6 步就能建立联系，这就是"六度分隔"（six degrees of separation）一词的由来。

但随着更多实验细节的曝光，人们发现其中存在一些问题，比如志愿者中有超过 100 人来自波士顿本地，与目标人同处一个城市，此外不少志愿者也是股票投资者，这意味着他们很容易就联络上目标人，如此一来，原先得到的实验结果就非常令人怀疑，人们猜测真实的间距甚至远远超过了 5 个人，而我们的世界也并不像实验所揭示的那么紧密。

进入 21 世纪，随着互联网的出现与发展，人们开始重新思考 20 世纪的"六度分隔"实验，只是这一次由真实生活中的个人，变成了虚拟网络上的节点，同时传递的也不再是信件，而是节点之间的链路连接。2011 年，Facebook 和意大利米兰大学的研究人员合作，对 Facebook 上 7.21 亿活跃用户进行了研究，这个人数约占当时全球总人口（69 亿）的 10%，最后他们发现，Facebook 用户平均只需 4.74 次传递就可联系到任何一个人，而这个数值在某些地区会更小，比如同一个国家之内。

"六度分隔"又被称作"小世界效应"（small world effect），1998 年，社会学家邓肯·瓦茨（Duncan Watts）与数学家史蒂夫·斯托加茨（Steve Strogatz）合作，在《自然》杂志发表了论文《小世界网络的集体动力学》（*Collective Dynamics of the 'Small World' Networks*），揭示了六度分隔背后的成因。通常人们将社会网络想象成一个层次模型，比如我认识 5 个朋友，然后这 5 个朋友又认识 5 个朋友，如此下去，那么只需 10 层，这个规模就会接近 1000 万人（$5^{10}=9765625$），而实际上每个人认识的朋友远不止 5 个。罗宾·邓巴（Robin Dunbar）是著名的人类学家，他在 20 世纪 90 年代通过研究指出，群体的社交网络规模与该类动物的大脑皮层容量之间存在着如下的数学关系：

$$\lg(N) = 0.093+3.389\lg(CR)$$

式中，CR 是该物种的大脑皮层率（大脑皮层容量和总脑容量的比值）。所以每个物种的社交网络规模 N 将受限于其大脑皮层率，对于人类而言，邓巴通过计算得出 CR= 4.1，因此人类的稳定社交网络人数即为 N=147.8，这个数通常会被四舍五入为 150，此即著名的"邓巴数"，这里的稳定社交网络是指那些哪怕很长时间没有联系，但仍保留着与其交往意愿的人，比如老同学、老同事、远房亲戚等。邓巴认为 150 人似乎是那些具有高度认同感的社区的最佳规模，尽管对这个数字学术界仍存在着争议，但人们却在现实生活中发现了许多符合"邓巴数"的社会现象，比如现代中小企业的最佳规模一般也不超过 150 人。

因此，如果以"邓巴数"为基数，按照上述的层次模型，那么只需不到 5 个人，我们就能与这个星球上的任何一个人发生联系，因为 $150^5=75937500000$，这个规模已经达到了 750 亿，远超当今世界总人口，可"六度分隔"的成因却并非如此，因为"三元闭包"的存在，使得你的朋友的朋友，许多时候并不是一个你不认识的新朋友，换言之，你与你认识的 150 个朋友，以及他们每个人所认识的 150 个朋友，这中间存在着高度的重叠，因此真实的社会网络如图 3-20 所示。

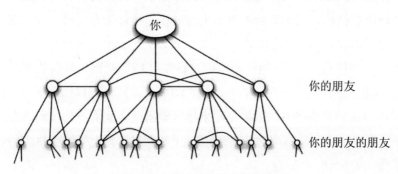

图 3-20　社会网络的连接示意图

针对上述问题，瓦茨与斯托加茨在其论文中指出，社会网络中存在两种重要的动力学机制，即同质性与弱连接。同质性使得朋友的朋友，往往与自己也是朋友，而非新朋友，而弱连接的存在，会使社会网络中经常出现一些意想不到的"短路径"。在米尔格拉姆的实验中，就同时存在着上述两种情况，比如送信人从事着与收信人相关的行业（股票），或者与收信人身处相同的城市，也就是说他们之间具有某种"同质性"；同时在实验规则中也提到，若信件无法直接送达，则必须委托下一个他认为最有可能完成这项工作的人，如此一来，送信人所寻找的交接人，就不一定是关系亲密的朋友，而可能只是泛泛之交，甚至是只有过数面之缘的人，此即"弱连接"。因此，真实的社会网络既不是一个对称的规则网络，也不是一个完全随机的网络，而是介于二者之间的"小世界网络"，三者的形态如图 3-21 所示，其中 p 表示随机链接的概率。

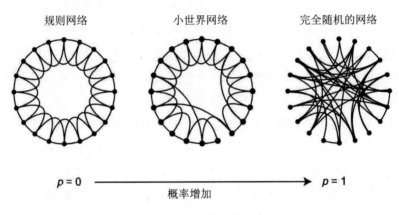

图 3-21　三种不同的网络形态对比

小世界理论揭示了真实的世界远比人们想象的更为紧密，一些偶发行为就能改变整个网络的结构，甚至影响人类历史的进程，像哥伦布发现美洲大陆，就是一次阴差阳错而导致的"弱连接"，当时哥伦布以为自己到达的是印度，所以才将当地人称为"印第安人"，而他们原本的目标则是盛产瓷器和丝绸的东方。进入21 世纪，网络技术的发展加大了"弱连接"的概率，通过现代社交平台，使得原本在传统社会几乎无法产生的链接，越来越多地出现在我们身边，同时在同质性的作用下，形成了社会网络中的"短路径"，并给就业、婚配等许多重大的社会活动带来了重大的影响。

3.4.2　幂律分布

正态分布（normal distribution）最初是数学家棣莫弗（Abraham de Moivre）于 1733 年提出来的，后由数学家高斯率先将其应用于天文学研究，故又称作高斯分布。正态分布（图 3-22）源自人们的一种直觉，即对于随机的一组独立事件，经过多次测量，其结果的累积效应与概率相关，概率越高的出现的频次越高，反之越低，比如身高，绝大部分人的身高集中在平均身高附近，而低于或高于这个值的人数会随着差值的加大而逐步降低，其图形呈现出两头低、中间高的形态，左右对称而宛如座钟，因此又称为"钟形曲线"。

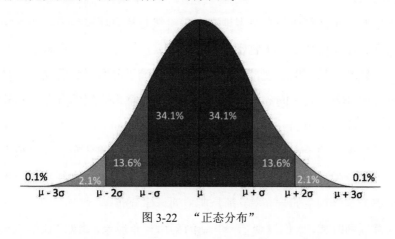

图 3-22　"正态分布"

可在互联网出现之后，人们通过大数据却发现一些不符合正态分布的情况，比如网页的入度（也就是链入的网页数），它就并不如人们所预料的那样，入度很大或很小的网页数比较少，占比较高的网页的入度处于平均值附近；相反，而是呈现出一个符合幂次分布的情况，即：拥有 k 个链入数的网页占比近似地与 $1/k^2$ 成正比，因此当 k 增加时，降低得比较缓慢。也就是说入度大的网页非常多，比如 $k=1000$ 时（也就是有 1000 个网页链入），$1/k^2$ 为百万分之一，而以指数形式衰减的函数如 2^{-k}，当 $k=1000$ 时会非常小。

事实上，生活中不符合正态分布的情况比比皆是，比如地震，震级越大的出现次数就越少，反之出现的频次就越高，这种现象又被称作"古登堡-里希特定律"（Gutenberg-Richter's Law），而且人们对于幂律分布的关注则早已有之。

19 世纪初，意大利经济学家帕累托（Vilfredo Pareto）发现个体收入 X 不小于某个特定值 x 的概率，与 x 的常数次幂存在简单的反比关系：$P\{X \geqslant k\} \sim x^{-k}$，也就是少数人拥有大多数的社会财富，即人们常说的"二八法则"，因此也被称作是"帕累托定律"（Pareto's Principle）。20 世纪 30 年代，哈佛大学语言学家齐普夫（George Kingsley Zipf）在研究英文单词出现的频率时，发现如果把单词出现的频率按由大到小的顺序排列，则每个单词出现的频率与它的名次的常数次幂也存在简单的反比关系：$P(r) \sim r^{-\alpha}$，这种分布就称为"齐普夫定律"（Zipf's Law），并且上述发现都可以用一种通用的形式来表示，即：$f(x) = x^k$，这也是幂律分布的一般表示形式。

相比正态分布，幂律分布更多地存在于自然与社会环境当中，物理学、地球与行星科学、计算机科学、生物学、生态学、人口统计学与社会科学、经济与金融学等众多领域，都可以发现幂律分布的身影，除了前面提到的地震，月球表面上月坑直径的分布、行星间碎片大小的分布、太阳耀斑强度的分布、计算机文件大小的分布、战争规模的分布、人类语言中单词频率的分布、大多数国家姓氏的分布、科学家撰写的论文数的分布、论文被引用的次数的分布、网页被点击次数的分布、书籍及唱片的销售册数或张数的分布、每类生物中物种数的分布、电影所获得的奥斯卡奖项数的分布等，都是典型的幂律分布。

进入互联网时代，人们发现了一些新的幂律分布现象，比如"长尾"（long tail）现象，这个词最早是由《连线》的总编辑克里斯·安德森（Chris Anderson）所提出来的，2004 年他在自家的杂志中通过"长尾"来描述一些网站的商业与经济模式，比如在亚马逊等公司的销售数据中，许多原本销量小的商品或服务，却由于其种类繁多，其销售的总收益甚至超过了主流产品，也就是说，互联网造就了一种新的商业模式。过去市场需求不大，一般不会出现在传统销售渠道的商品或服务，却由于互联网的出现，极大地降低了成本，尤其是货架成本，并无限扩大了潜在目标用户（整个互联网），因而变得不可忽视。这个发现对于互联网零售业等有着非同一般的意义，以亚马逊为例，作为全球销量第一的购物网站，它所销售的图书中有 57% 与"搜索引擎指南"有关，符合长尾理论所描述的特征，如图 3-23 所示。

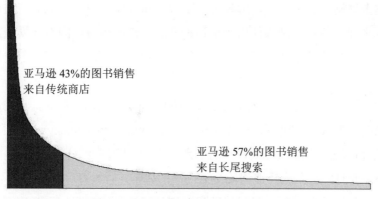

图 3-23　亚马逊图书销售中的"长尾现象"

　　互联网中的"长尾"现象与前面提到的级联效应有关，因为人们天生具有"从众"倾向，这种心理源自社会交往的需要，当我们期望从别人那里获得认同时，就先需要和他们保持某种"一致性"，比如买东西，大部分时候我们会选择认同度高的店铺或者商品，而在社会网络中，这又会导致那些已经获得优势地位的群体，会更容易得到后来加入者的青睐。同样地，社会活动中这种趋向也非常明显，在早期竞争充分的市场中，社会资源（资金、人力、关注度等）的选择会呈现出某种随机性，但是一旦出现了优胜者甚至寡头，那么新入场的资源就会优先对其进行追逐，最终导致社会中的"富者愈富"现象；进入大数据时代，出于各种力量显性或隐性的诱导，比如网络平台的算法等，使得这种现象更容易形成。

　　自然与社会中的许多现象可以归因于网络的复杂性，它们通常具有自组织、自相似、吸引子、小世界、无标度等特点，其中的"无标度网络"（scale-free network），是指各节点之间的连接状况具有严重的不均匀分布性的网络，在这种网络中，少数称之为 Hub 点的节点拥有极其多的连接，而大多数节点只有很少量的连接，就像现实社会中的"二八现象"一样。因此，无标度网络并非如随机网络那样，是一个平权的世界，比如少数的门户网站、大 V 等，就吸引着网络中大部分的流量与关注。

　　在自然的环境中，事物有朝着向能量消耗最小的方向进行发展，这符合"奥卡姆剃刀原理"（Occam's Razor），其核心思想是"如无必要，勿增实体"（Entities should not be multiplied unnecessarily.），应用到自然科学与社会领域则可表述为：若对同一现象有多种不同的假说，则应该采取比较简单或可证伪的那一种。因此，借助"奥卡姆剃刀原理"可以解释部分幂律分布现象的成因，比如英文单词的长度与词频之间的关系，高频使用的单词长度通常都比较短，因而在学习、存储或者使用时所花费的成本（如时间、空间等）就相对更低，从而有利于交流的便捷与效率。

除此之外，优先连接、自组织临界、HOT 理论、随机过程等，也是形成幂律分布现象的主要成因。所谓"优先连接"（preferential attachment），是指新加入的节点总是会优先选择那些度值较高的节点，比如在购买商品时，在其他条件相同的情况下，人们总是会选择那些成交量最高的店铺，而随着后续客户的不断增加，又会进一步加剧这种现象，最后导致极个别的商铺人气超旺，而其他商铺却无人问津。

第 4 章　人工智能哲学

4.1　人工智能概述

4.1.1　AI 的诞生

人工智能的英文是 Artificial Intelligence，简称 AI，其中 intelligence 一词源自拉丁文中的动词 intelligere，意思是理解或感知，并含有灵悟的意味。对于什么是智能，在《汉语大辞典》中有两个释义，即：①智谋与才能，比如《管子·君臣》中的"是故有道之君，正其德以莅民，而不言智能聪明"；②指智力。《牛津英语词典》将其表述为"获取和应用知识和技能的能力"。而《韦氏大辞典》则定义为"学习、理解、处理新的或者困难处境的能力"。对于计算机科学家而言，"智能"则不可避免地带有工程的色彩，人工智能学者马文·明斯基（Marvin Minsky）等就认为，所谓智能，就是"以优化的方式使用包括时间在内的有限资源来达成目标的能力"。

人工智能的出现与发展，与许多人的努力分不开，其中首推艾伦·图灵，他撰写的《计算机器与智能》为人类打开了一扇新的大门，他也因此被称为"人工智能之父"；其次是约翰·麦卡锡（John Maccarthy），"人工智能"一词就是由他提出来并得到了公众认可，同时他也是世界上最早的分时系统的研制者之一。其他的，还包括像马文·明斯基和西摩尔·帕普特（Seymour Papert），二人曾合著《感知机：计算几何导论》（*Perceptrons: an Introduction to Computational Geometry*）一书，描述了简单神经网络及其局限性。

人类对人工智能的探索由来已久，并在许多文明中都留下了相关的故事，比如《列子·汤问》中的"偃师献伎"，就讲述了周穆王西行时遇到了一个名叫偃师的能工巧匠，他进献的木偶"能倡者"不仅可以翩翩起舞，而且神态生动、栩栩如生，甚至还向周穆王的宠姬暗送秋波，大怒的周穆王认为这个木偶实为真人伪装，欲将偃师砍头，情急之下，偃师只好当众拆开木偶，穆王才知所言非虚，而且尤为奇特的是，木偶的内脏并非摆设，而是与肢体动作紧密相连，比如将心拿掉，它就不能说话；将肝拿掉，它就不能观看；将肾拿掉，它就无法走路……，穆王不由地感慨道："人之巧乃可与造化者同功乎？"从此以后，偃师也成了木偶戏表演者的代称。

许多年后，却有人用这种方式骗过了不可一世的法国国王拿破仑。18 世纪，德国发明家肯佩伦（Wolfgang von Kempelen）制作了一个会下棋的机器人，它身着土耳其长袍，头戴围巾，因而被称为"土耳其人"（The Turk），如图 4-1 所示。这个机器人棋艺高超，在当时打败了包括富兰克林在内的许多社会知名人士。可几十年后人们才得知，"土耳其人"实际上是魔术，而非科技，因为里面其实是有一个真人的象棋高手。但这丝毫没有影响人们对于机器人的热忱，在人们的设想中，未来的机器人不仅具有人的外观形态和行为能力，同时也具备思维能力。在这个探索过程中，有一个重要的假设被提了出来，即人类的思考过程是可以机械化的，亦即所谓的"形式推理"（formal reasoning）。

图 4-1   会自动下棋的"土耳其人"

形式推理由来已久，早在 17 世纪中叶，莱布尼茨、霍布斯和笛卡儿等人就尝试将理性的思考系统，化为代数学或几何学那样的体系，霍布斯在其著作《利维坦》中有一句名言："推理就是计算（reason is nothing but reckoning）。"而作为二进制的发明者，莱布尼茨认为世界上只存在两种真理：推理的真理和事实的真理。他同时设想一种用于推理的普适语言，能将推理归约为计算。

数学哲学有三大派：逻辑主义、形式主义以及直觉主义。逻辑主义想把数学归约到逻辑，这样只要解决了逻辑问题，数学问题自然迎刃而解，其主导人物是罗素。形式主义则试图把数字形式化，数学过程就是一串符号变成另一串符号，其主导人物是希尔伯特。1913 年，罗素和怀特海出版了合著《数学原理》，其中对数学的基础给出了形式化描述，受这一成果的激励，希尔伯特提出了一个基础性的难题："能否将所有的数学推理形式化？"哥德尔后来证明这是不可能的，即哥德尔不完备性定理，随后图灵机和阿隆佐·邱奇（Alonzo Church）的 λ 演算进一步论证了数理逻辑的局限性，但同时也指出了任何形式的数学推理都能在这些限制之下实现机械化的可能性，而这个机械化的尝试却早已开始。

19 世纪初，查尔斯·巴贝奇（Charles Babbage）设计了世界上第一台可编程计算机，这台机器就是巴贝奇的"分析机"。所谓"差分"，是把函数表的复杂算式转化为差分运算，用简单的加法代替平方运算，但巴贝奇却不是"差分机"设想的原创者，往前追溯，一位名为约翰·赫尔弗里奇·冯·米勒（Johann Helfrich von Müller）的德国工程师就提出了这个想法，可惜因为资金不足而作罢。巴贝奇设想的"差分机"很精妙，虽然由于当时技术的限制，导致达不到设计的精度要求而失败，但其主要部件已初具现代计算机的雏形，比如控制器、存储器等，它共由 5 大部件组成：

（1）由计数装置改进而来的数据存储器，可存储 1000 个 40 位十进制数。

（2）支持四则运算、比较大小和开平方根的算术单元，巴贝奇称之为"工厂"（mill）。

（3）逻辑控制的圆柱形"控制筒"，身周固定着许多销钉，随着"控制筒"的旋转，通过销钉推动杠杆实现控制。

（4）3 种用于输入的读卡装置，其一输入运算指令，其二输入常量数据，其三输入控制数据（在存储器和算术单元之间）传输的指令，承载这些输入信息的是一种名为穿孔卡片（punched card/punch card）的经典载体，3 种读卡装置分别识别 3 种类型（运算、数据和控制）的穿孔卡片。

（5）4 种输出装置，其一为打印装置，其二为曲线绘图仪，其三为响铃，其四为打孔机，用于制造穿孔卡片。

在当时众多学习研究"差分机"的人当中，有一位是著名诗人拜伦的女儿，名叫爱达·勒芙蕾丝（Ada Lovelace），她曾预言这台机器"将创作出无限复杂，无限宽广的精妙的科学乐章"。爱达·勒芙蕾丝用该机器计算伯努利数的方法，被认为是世界上第一个计算机程序，而爱达也因此被认为是世界上第一位程序员，为了纪念她，人们后来以 Ada 命名了一种编程语言。

到 19 世纪末，对于脑神经科学的研究已取得长足进展，人们发现神经元与神经元之间是不连续的，而是通过突触产生关联。突触是神经元之间在功能上发生联系的部位，也是信息传递的关键部位。当动作电位到达突触前膜神经元的轴突处时，会激活一系列事件，导致突触小泡与突触前膜神经元的细胞膜融合，并将其中的神经递质释放到两个神经元之间的突触间隙中，然后通过扩散作用穿过突触间隙，并与突触后膜的受体结合，完成信息的传递，如图 4-2 所示，其激励电平只存在"有"和"无"两种状态，因此突触可被视为一个开关，这与晶体管的作用机制相似，但后者的工作原理更简单。

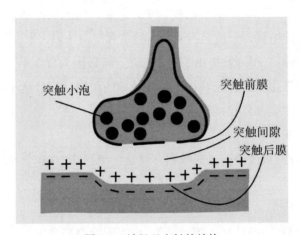

图 4-2　神经元突触的结构

因此，1946 年世界上第一台电子计算机问世之后，人们马上想到了它们之间存在的关联，并迫不及待地开始探讨人工大脑的可能性，而在更早的时候，沃伦·麦卡洛克（Warren McCulloch）和沃尔特·皮茨（Walter Pitts）就在《数学生物物理期刊》上发表了神经网络的开山之作：《神经活动中内在思想的逻辑演算》（*A Logical Calculus of Ideas Immanent in Nervous Activity*），从而为使用计算机来模仿人类的神经元，以及用神经网络的连接机制来实现人工智能提供了理论基础，这也是明斯基被认为是人工智能的另一个"父亲"的重要原因，他与人合作建造了世界上第一台神经网络计算机 SNARC（Stochastic Neural Analog Reinforcement Calculator），意为"随机神经网络模拟强化计算器"，并成为几年之后达特茅斯会议的主题之一，这个会议还有另外两个重要主题，即赫伯特·西蒙（Herbert Simon）和艾伦·纽厄尔（Allen Newell）的"逻辑理论家"（Logic Theorist），以及麦卡锡的"α-β 搜索法"。

"逻辑理论家"是在 IPL（Information Processing Language，信息处理语言）上编写和运行的，是世界上第一个专门为人工智能开发设计的语言，它采用"启发式"的方法，来模拟人类证明符号逻辑定理的思维活动，并完成了《数学原理》（*Principia Mathematica*）一书中"谓词演算"的 38 个定理证明，而书中所有 350 个"谓词演算"定理的证明后来由华人数学家王浩完成。麦卡锡则在 IPL 上制作了 LISP 系统，这个系统至今仍在使用，而 LISP 最广为人知的事迹，就是后来与 IBM 合作制造的超级计算机"深蓝"，它打败了人类最杰出的国际象棋大师卡斯帕罗夫，这在人工智能发展史上具有里程碑的意义，因为"像人类那样深谋远虑地下棋"，曾被认为是永远无法实现的，而"深蓝"所使用的就是"α-β 搜索法"，它的核心思想就是在采取最佳招数的情况下，允许忽略一些未来不会发生的事情，目前仍在人工智能中发挥着重要作用。

至此，历史已经悄然地为 1956 年达特茅斯会议的召开准备好了一切，这场由 28 岁的约翰·麦卡锡和马文·明斯基，37 岁的罗切斯特和 40 岁的香农发起的，总共只有 10 人参加的研讨会，被公认为现代人工智能的起源，并就此敲开了人类智能化时代的大门。

4.1.2　图灵测试

"机器能够思考吗？"这是图灵在他那篇划时代的论文《计算机器与智能》（*Computing Machinery and Intelligence*）一开头就提出来的问题，正是这篇发表于 1950 年的论文为图灵赢得了"人工智能之父"的美誉，紧接着图灵解释道，如果要回答这个问题，就需要先对"机器"和"思考"作出定义，而这可能要陷入无休止的争议之中，于是图灵提出了一个替代办法，这就是"图灵测试"。

"图灵测试"的过程非常简单，就像是一个游戏，被测试者是一男 A 和一女 B，他们与提问者被分隔在不同的房间，然后通过不断的提问来判定，A 和 B 哪位是男性，哪位是女性，比如询问头发的长度，甚至为了避免语气等方式带来的干扰，图灵提出最好使用书面形式，然后图灵引出了终极问题：假设将其中一人换成机器，并将问题从性别判定转为对于人的判定，那么会发生什么呢？最后图灵提出来，如果被测试者的答复中有超过 30%无法被确认是人的回答还是机器的回答，这台机器就通过了测试，并被认为具有人类智能。

很显然，图灵设想了一个巧妙的方案来避开对于语义的纠缠，因为对于什么是智能，除了前面提到的字典解释之外，几乎人各不同，其中也不乏专业领域的权威总结，比如哈佛大学心理学教授霍华德·加德纳（Howard Gardner）就认为人的基本智能可分为八种类型，即：语言智能、逻辑数理智能、音乐智能、空间智能、运动智能、人际关系智能、自省智能和自然观察者智能。进而将智能总结为"在某种或多种文化背景中，解决有价值的问题或创造有价值的产品的能力"。如果按照这个思路，那么在开始人工智能的研究之前，可能又需要对下一级的概念进行再定义，比如什么是语言、什么是逻辑数理等，然后可能还要再定义，其中又涉及了许多学科领域，直到某个元概念为止，如此一来就会深陷哲学的泥沼而无法自拔，相关的研究工作自然也就无法展开，因此采用类似控制论中的共轭方法，寻找某个等价物，就能更有效地切入问题并使之能够得以探讨。

"图灵测试"的提出一下激发了人们对于人工智能的热情，许多研究者前赴后继，就为了早日突破"图灵测试"中所设置的 30%门槛。1964 年，麻省理工教授约瑟夫·魏森鲍姆（Joseph Weizenbaum）开发了人类第一个计算机聊天程序艾丽莎（ELIZA），这个名字出自萧伯纳的名剧《卖花女》（*Pygmalion*），女主出身社会底层，虽然美貌但言语粗俗，有一位语言学教授因此与人打赌，称能够改造艾丽莎的口音，让人们误以为她是贵族，显然魏森鲍姆想借此来表明，艾丽莎也具有类似能力，让人们忘记它的真实身份，而将它当作一个人。

艾丽莎自诞生之日起，人们就为其所表现出来的"智能"叹为观止，一些人甚至着了迷，要求单独与艾丽莎待在一起，倾诉衷肠，而且一聊就是好几个小时，人们于是尝试将其引入心理治疗领域，诺贝尔生理学或医学奖得主李德伯格（Joshua Lederberger）后来与魏森鲍姆合作，研制了计算机程序 PARRY，用于培训心理医生和治疗病人。

早期的人工智能受制于硬件的性能瓶颈，但随着计算机硬件的不断改进，一些人工智能的运行效果开始接近人类对于类似信息的处理速度，使得人们离图灵所设定的 30%门槛越来越近。同时随着信息技术尤其是互联网的兴起，加上机器学习理论的不断发展，计算机开始能够实时地获取并处理各类信息，包括一些俚语、简称、时髦话等，人工智能都丝毫不落人类下风。在这个过程中，人们不断地研究思维的模式，以期将其应用到人工智能上，从而使得人工智能越来越拟人化。

回顾历史，人工智能的发展（图 4-3）大致经历了 3 个阶段：第一阶段是从 1956 年达特茅斯会议开始，到 20 世纪 80 年代初，这个阶段是人工智能的起步期，主要受到来自算力的影响，使其发展难以达到预期；第二阶段从 20 世纪 80 年代初到 20 世纪末，这个阶段随着硬件的长足进步，归纳学习与专家系统得到了快速发展，逐渐深入社会生活的各个领域，而随着"深蓝"的成功，标志着人工智能即将进入新的发展阶段；第三阶段从 21 世纪初至今，基于"深度学习"的神经网络开始大行其道，并在模式识别、决策分析、无人驾驶等众多领域取得了骄人成果。如今，人工智能已成为融合了计算机科学、心理学、神经科学、遗传学与进化生物学、决策理论、统计学等众多领域的交叉学科，目前主要有三个发展方向：

（1）符号主义（symbolicism）：又称逻辑主义（logicism）、心理学派（psychlogism）或计算机学派（computerism），该学派认为人工智能源于数学逻辑，人的认知基元是符号，认知过程即符号操作过程，通过分析人类认知系统所具备的功能和机能，然后通过计算机来模拟这些功能，从而实现人工智能，其原理主要为物理符号系统假设和有限合理性原理。

（2）联结主义（connectionism）：该学派认为人工智能源于仿生学，所以又称仿生学派（bionicsism），或生理学派（physiologism），它强调对于人脑模型的研究，认为人的思维基础是神经元，而不是符号处理过程，其原理主要为神经网络，以及神经网络间的连接机制与学习算法。

（3）行动主义（actionism）：又称进化主义（evolutionism），该学派认为人工智能源于控制论，因而又称控制论学派（cyberneticsism），其原理为控制论及感知-动作型控制系统。

回顾过去，从图灵 1950 年提出"图灵测试"到现在，已经过去了 70 多年，人工智能几经浮沉，而随着 AlphaGo 打败了世界上最伟大的围棋棋手之后，人工智能迎来了新的春天，而机器学习理论的发展，使其朝着人类憧憬的方向快速前进着，未来将会更加深刻地影响和改变着我们人类的生活。

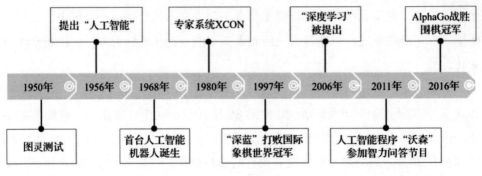

图 4-3　人工智能发展大事记

4.2　机器的进化

4.2.1　专家系统

世界上的第一个专家系统是 1965 年问世于美国斯坦福大学的 Dendral。所谓 "专家系统"（Expert System，ES），是一个具有智能特点的计算机程序，能够在特定的领域内模仿人类专家思维来求解复杂问题。专家系统的核心是 "知识库"（knowledge base）和 "推理机"（inference engine），其工作原理如图 4-4 所示，这里知识库是专家的知识在计算机中的映射，推理机是利用知识进行推理的能力在计算机中的映射。此外，一个实用的专家系统还包括人机交互界面、综合数据库、解释器、知识获取等几个组成要件。专家系统在社会的各个领域中已经得到了广泛应用，比如理财专家系统、矿产开发专家系统、法律专家系统、教学专家系统等，主要类型如表 4-1 所示，除此之外，还有监视型、教学型、控制型等。

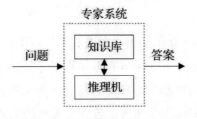

图 4-4　"专家系统"工作原理

表 4-1 专家系统的分类

分类	任务的性质	应用举例
解释型	根据已知数据（或输入信息）分析并推出数据表示的状态（或对情况进行解释分析）	语言信号理解、图像信息分析、有机化合物结构解释、煤田沉积环境分析
预测型	根据过去和当前数据（已知情况）推断未来可能得出的结论和结果	气象预报、人口统计预测、交通预测、谷物估计、军事形势发展预报等
诊断型	根据观察和测得的数据，推断系统故障	医疗诊断、电子线路故障检查、机械系统故障诊断、软件系统故障诊断
设计型	根据约束条件，构思所需要的对象（或给出目标配置）	集成线路布线、楼房设计、制定财政预算、机械设计等
规划型	根据约束条件，作出行动安排或制订调度方案	机器人行动规划、工程规划、路径规划、通信网规划、运输调度、实验进程规划、军事作战规划等

专家系统的发展主要分为 5 个阶段，分别是：基于规则的、基于框架的、基于案例的、基于模型的和基于 Web 的。

1. 基于规则的专家系统

基于规则的专家系统是目前最常用的方式，这要归功于其大量成功的实例，以及简单灵活的开发工具，它通过直接模仿人类的心理过程，利用一系列规则来表示专家知识，比如对于动物的分类，就可以通过类似如下的方式来实现：

（1）IF（有毛发 or 能产乳）and（（有爪子 and 有利齿 and 前视）or 吃肉）and 黄褐色 and 黑色条纹 THEN 老虎。

（2）IF（有羽毛 or（能飞 and 生蛋））and 不会飞 and 游水 and 黑白色 THEN 企鹅。

在这里，IF 后面的语句称为前项，THEN 后面的语句称为后项，前项一般是若干事实的"与或"结合，在较为复杂的专家系统中，前项与后项可以互为因果，既可以通过条件来推导结论，也可以通过结论来反推条件。前项中的每一个事实通常采用"对象-属性-值"（OAV）的三元组来表示，同时根据值的不同，可将其属性分为 3 类：

（1）是非属性，比如"有爪子"，该属性只能在{有、无}中二选一。

（2）列举属性，比如"吃肉"，该属性只能在{吃草，吃肉，杂食}中选择。

（3）数字属性，比如"触角长度 3.5cm""身高 1.5m""体重 32kg"等。

基于规则的专家系统实现简单，但存在着如下几个主要缺点：

（1）需要专家提出规则，而许多情况下没有真正的专家存在，比如新兴学科。

（2）前项限制条件较多，且规则库过于复杂，一个解决方法是采用中间事实，比如，首先确定哺乳动物、爬行动物、鸟类动物，然后继续进行划分。

（3）在某些情况下，只能选取超大空间的列举属性或者数字属性，此时该属性值的选取，需要大量样本以及复杂的运算。

2. 基于框架的专家系统

基于框架的专家系统可看作是基于规则的专家系统的一种自然推广，是一种完全不同的编程风格，明斯基就提出用"框架"来描述数据结构。框架包含某个概念的名称、知识、槽，当遇到这个概念的特定实例时，就向框架中输入这个实例的相关特定值。

3. 基于案例的专家系统

基于案例推理的专家系统，是采用以前的案例求解当前问题的技术，其求解过程如图 4-5 所示：首先获取当前问题信息，接着寻找最相似的以往案例。如果找到了合理的匹配，就建议使用和过去所用相同的解；如果搜索相似案例失败，就将这个案例作为新案例。因此，基于案例的专家系统能够不断学习新的经验，以增加系统求解问题的能力。

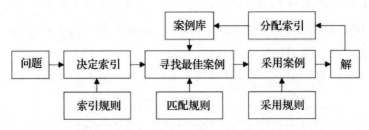

图 4-5　基于案例的专家系统工作原理

4. 基于模型的专家系统

传统的专家系统一个主要缺点在于"缺乏知识的重用性和共享性"，而采用本体论（模型）来设计专家系统，可以避免该缺点。另外，它既能增加系统功能，提高性能指标；又可独立深入研究各种模型及其相关，将结果用于系统设计。基于本体论的专家系统通过元模型清晰定义、设计原理概念化和知识库标准化 3 个方面来获得系统的重用性和共享性。通过将某事物的模型、原理、知识库采用本体论的方法严格定义后，就能保证该事物与该模型严格对应，在今后的设计中，可方便地重新调用该模型以加速系统设计。

5. 基于 Web 的专家系统

随着 Internet 的发展，Web 已成为用户的交互接口，软件也逐步走向网络化。而专家系统的发展也顺应该趋势，将人机交互定位在 Internet 层次：专家、工程师与用户通过浏览器访问专家系统服务器，将问题传递给服务器；服务器则通过后台的推理机，调用当地或远程的数据库、知识库来推导结论，并将这些结论反馈给用户。其运行模式如图 4-6 所示。

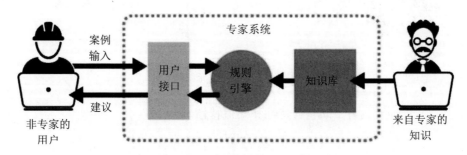

图 4-6　基于 Web 的专家系统的运行模式

4.2.2　人工神经网络

"人工神经网络"（artificial neural network，在计算机领域常常被简称为神经网络）是在许多学科的基础之上发展起来的，其从生物学中受益良多。作为神经网络开山之作，《神经活动中内在思想的逻辑演算》两位作者之一的麦卡洛克就是神经生理学家，他与数学家皮茨提出的 M-P 模型（McCulloch-Pitts Model），灵感就来自生物神经元结构（图 4-7），而典型的生物神经元有如下特点：

（1）每个神经元都是一个多输入、单输出的信息处理单元。

（2）神经元输入分兴奋性输入和抑制性输入两种类型。

（3）神经元具有空间整合特性和阈值特性。

（4）神经元输入与输出间有固定的时滞，主要取决于突触延搁。

受到生物神经元的启发，M-P 模型（图 4-8）有如下特点：

（1）每个神经元都是一个多输入、单输出的信息处理单元。

（2）神经元输入分兴奋性输入和抑制性输入两种类型。

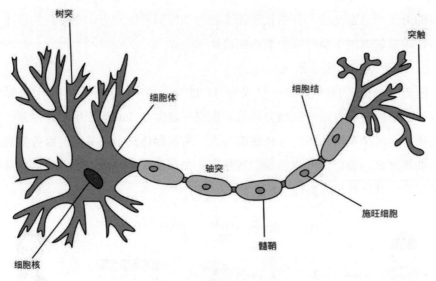

图 4-7 生物神经元结构

（3）神经元具有空间整合特性和阈值特性。

（4）神经元输入与输出间有固定的时滞，主要取决于突触延搁。

（5）忽略时间整合作用和不应期。

（6）神经元本身是非时变的，即其突触时延和突触强度均为常数。

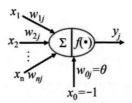

图 4-8 M-P 模型

1949 年加拿大生理学家赫布（Donald O. Hebb）出版了《行为的组织》（*The Organization of Behavior*）一书，对此作了进一步的阐述，其中提到："当细胞 A 的一个轴突和细胞 B 很近，足以对它产生影响，并且持久地、不断地参与了对细胞 B 的兴奋时，那么这两个细胞或其中之一会发生某种生长过程或新陈代谢变化，以至于 A 作为能使 B 兴奋的细胞之一，它的影响加强了。"这句后来被广泛引用的话，为神经网络参数的学习提供了最早的生理学来源，同时为定量描述两个神经元之间是如何相互影响的，给出了一个大胆的论断。

　　后来在 M-P 模型的基础之上，心理学家罗森布拉特（F. Rosenblatt）提出了"感知机"（perceptron）模型，二者最直观的不同，在于 M-P 模型更像是某种"生物直觉"，而感知机模型则多了一个"学习过程"，允许神经元自己调整权值，它们的对比如图 4-9 所示。感知机是人们首次将神经网络的研究从理论探讨，转而付诸工程实践，也是第一个从算法上完整描述的神经网络，因而被人们寄予了厚望，试图通过它在模式识别、学习记忆问题等诸多应用领域获得突破，但这股热潮并没有持续太久，除了当时工业水平无法满足运行的硬件条件等原因之外，另一个重要原因是明斯基和帕普特从数学上证明了，感知器存在着计算上的局限性，不能完成复杂的 XOR 逻辑函数，许多研究人员因而失去了信心，到 20 世纪 60 年代末，神经网络的研究陷入了低潮。

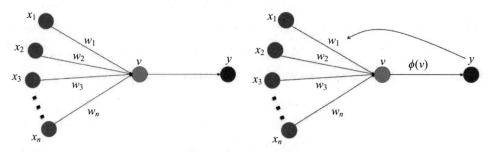

图 4-9　M-P 模型（左）与感知机模型（右）对比

　　但就是在这一时期的一个发现却为后来的神经网络复兴埋下了伏笔，斯坦福大学的威德罗（Bernard Widrow）和他的博士生霍夫（Ted Hoff）在 M-P 模型和感知机模型的基础上，提出了一个称之为"自适应线性神经元"（adaptive linear neuron）的 Adaline 模型，这个模型比感知机模型更接近现在的神经网络，唯一不同的是传输函数变为线性函数。随着物理学家霍普菲尔德（J. Hopfield）提出 Hopfield 神经网络，以及其他理论的发展，比如 BP 算法、自适应共振（Adaptive Resonance Theory，简称 ART）理论等，从而再次掀起了人们对于神经网络的研究热忱。

　　回顾神经网络的发展历程，M-P 模型的提出是促成第一台冯·诺依曼电子计算机诞生的重要因素之一，但传统的冯式计算机更擅长处理线性问题，而对于复杂环境中的非线性问题，其处理效果却不尽人意，神经网络的出现则很好地弥补了这个不足，此外，神经网络在并行分布式问题处理、高容错性、学习结果的泛化和自适应能力、易集成与模拟等方面，都表现出了巨大的优势与潜力。

神经网络系统是由大量的、同时也是很简单的处理单元（或称神经元），通过广泛地互相连接而形成的复杂网络系统，虽然每个神经元的结构和功能十分简单，但由大量神经元构成的网络系统的行为却是丰富多彩和十分复杂的，通常分为前向神经网络、反馈神经网络、随机神经网络、自组织神经网络等几种类型。作为一种算法的集合，神经网络为后来大放异彩的深度学习奠定了重要基础。

"深度学习"（Deep Learning，DL）的概念是由希尔顿（Geoffrey Hinton）等人于 2006 年提出来的，如果将早期的机器学习看作"浅层学习"（shallow learning），其典型代表是神经网络，那么深度学习就是机器学习的加强版，因此可以将深度学习看作神经网络的升级，其实质是通过构建具有多隐层的机器学习模型和海量的训练数据，来让计算机学习更有用的特征，最终提升分类或预测的准确性，并实现"特征学习"的目标，目前深度学习的模型主要有如下几种：卷积神经网络（Convolutional Neural Networks，CNN）、循环神经网络（Recurrent Neural Network，RNN）、生成对抗网络（Generative Adversarial Networks，GAN）、深度强化学习（Deep Reinforcement Learning，RL）。

让机器能够具备自我学习与发展，甚至进化的能力，这一直是人们对于人工智能的期待与梦想。作为人工智能的重要分支，机器学习目前已成为实现该目标的重要手段，而随着计算机技术与现代工业技术的不断提升，人工智能越来越多地进入社会生活的各个领域，并深刻地影响着人类的未来。

4.3　奇　点　临　近

4.3.1　$A=A+X$

算式 $A=A$ 在任何情况下都会成立，这称为恒等式，但如果将其变换为 $A=A+X$，那要怎样才会成立呢？在计算机领域，$A=A+X$ 被称为赋值语句，是整个程序设计的基础，那它究竟有何意义呢？

对于 $A=A+X$，显然只有 X 等于 0 或者空值时，这个等式才会成立，但如果是这样，就意味着永远不会有新的事物，世界是静止不变的；所以只有当 X 不等于 0 或者空值时，"="左边的 A 才会发生变化，而这个正是我们通过编程想要实现的：通过不断注入新的变量，从而可以发现和得到新的结果。在日常的计算中，比如求解 1 和 2 的和，可以表示成如下形式：1+2=3，其中 1、2 在 "=" 左边，是从已知量计算推导出结果；但是在赋值语句中，则是先假定了某个结果，然后通过不断地赋予其新值而实现预期，因此在编程中运算和推导过程是目标导向的，通过不断注入新值来趋近和达到目标，比如要通过编程来计算圆面积，就要先输入圆半径，其赋值语句可以表示如下：

r=int(input("输入圆半径"))

如此一来，只要不断地在 "=" 右侧加入新的变量，就可以通过赋值语句产生和发现新的事物，它又分为以下两种情况。

情况 1：*A=X*，在这种情况下，意味着 *A* 是一个新生事物，从 0 或者空值开始变化。

情况 2：*A=A+X*，在这种情况下，意味着 *A* 的变化是建立在已有的基础之上的，其中又分为以下两种情况。

第一种：执行一次，意味着变化是一次性的。

第二种：执行多次，意味着变化是逐步累积的，其中又可分为以下两种情况：

（1）变化是有规律可循的，比如求累加和，在达到预设条件时，变化终止。

（2）变化是无规律可循的，那么计算结果可能不会收敛，这就需要设定一种退出机制，否则就会永不停止，在程序设计中称之为 "死循环"。

比如要求累加和 "1+2+3+…+100"，那么：

（1）先设定目标变量，假设用 *S* 表示，它的初始值为 0，这也是程序设计中对于数值型变量的默认设定，如果是字符型数据则为空串，即都从 "无" 开始。

（2）进行累加，可以用形如 "*A=A+X*" 来表示，其中每次累加的值都不一样。

初始值：*S*=0（默认的初始值）；

第 1 次：*S=S+X*，此时 *S*=0，*X*=1，则 *S*=0+1=1；

第 2 次：*S=S+X*，此时 *S*=1，*X*=2，则 *S*=1+2=3；

第 3 次：*S=S+X*，此时 *S*=3，*X*=3，则 *S*=3+3=6；

……

上述过程重复 100 次，就可以得到 "1+2+3+…+100" 的和，所以，计算机对于现实世界的模拟，都是从赋值语句开始，再加上其他的变换规则，通过不断的迭代与进化，甚至能模拟和创造出整个世界，比如元胞自动机。

"元胞自动机"（cellular automata）是在 20 世纪 30 年代，由"现代计算机之父"冯·诺依曼所提出来的，旨在探讨有机体如何实现自复制，以及背后的宇宙法则，冯·诺依曼也因此被称为"元胞自动机之父"。与一般的动力学模型使用方程或函数不同，元胞自动机采用的是由一系列模型所构造的规则，在冯·诺依曼最初的设想中，元胞自动机是一个类似图 4-10 的灯泡阵列，每个灯有"开"和"关"两种状态，然后与周围的 8 个灯相连，而它的下一步变化就由设定的规则与周围的 8 个灯的状态所决定，比如在图 4-10 中，它的变化规则就是当周围的 8 个灯中，"开"的灯低于 3 个时，下一轮就"关"。

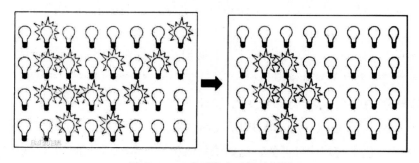

图 4-10   一个元胞自动机的例子

以冯·诺依曼的设想为基础，人们后来设计了许多其他的元胞自动机，来模拟复杂系统的演变过程，较为著名的有英国数学家约翰·康威（John Conway）在 1970 年发明的"生命游戏"（game of life），这个游戏与冯·诺依曼的元胞自动机类似，在一个无数格子的网格（元胞）中，每个元胞有死（白格）或活（黑格）两种状态，而下一回合的状态则根据它周围 8 个元胞的状态而定，其中演化规则只有以下三条：

（1）死亡：活元胞（黑格）周围的活细胞数小于 2 个或多于 3 个时，表明离群或过度竞争。

（2）正常：活元胞（黑格）周围的活细胞有 2 或 3 个时。

（3）繁殖：死细胞（白格）周围有 3 个活细胞时。

根据这个简单的规则，只要设置不同的初始状态，在经过多次迭代之后，就可以得到非常复杂的形态，其中不乏一些与自然演化相似的结果，比如知名的数学软件 Mathematica 发明者沃尔夫勒姆（Stephen Wolfram），根据他自己设定的规则组 Rule30，在经过 250 次迭代后，发现其图案与织锦芋螺的花纹高度相似，如图 4-11 所示。更重要的是，沃尔夫勒姆认为智能本质上就是一种计算，只需简单的规则，就能够最终演化出所有的一切，因为计算是普适的。

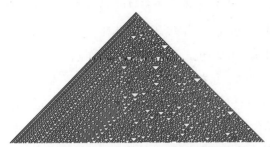

图 4-11　Rule30 规则 250 次迭代后与织锦芋螺的花纹对比

近几十年来，随着硬件性能的快速提升，人工智能得到了迅猛发展，从 1997 年 IBM 的"深蓝"打败卡斯帕罗夫开始，到 2016 年谷歌的 AlphaGo 重挫李世石，以及它的第四代 AlphaGoZero 在无任何数据输入的情况下，自学围棋 3 天后便以 100:0 横扫了第二代前辈，再到 2017 年卡内基梅隆大学的 Libratus 在德州扑克中战胜对手，再到 2019 年初 DeepMind 公司的 AlphaStar 在复杂的实时战略游戏"星际争霸"中所向披靡，所有这些都是从最初简单的 $A=A+X$ 开始，然后一步步逐渐造就的辉煌。

4.3.2　机器能超越人类吗

人的大脑由左半球和右半球组成，两个半球之间通过由大约 2 亿个轴突束而组成的胼胝体进行"连通"。左半球主导着语言及其含义的理解，右半球则涉及语义中更深层次的东西，如暗示、比喻等，如图 4-12 所示。当前教育更多关注的是收敛性问题，因而对于人脑的左半球教育和开发远超右半脑。在人脑中有大约 1000 亿个神经元，每个神经元大约有 1000 个突触，因此人脑中的突触总数大约是 100 万亿个，如果将突触与晶体管作对比，那么在 2023 年上市的主流手机中有大约 200 亿个晶体管，换言之，人脑的运算能力大致与 5000 个 2023 年的主流手机相当，而按照"摩尔定律"，人们预测 20 年后，一台手持设备就可以和人脑的运算能力相当，甚至超过人脑，尽管这种运算能力目前还只是应用在有限的几个领域，可即便如此，我们可以仅仅使用某种数字化的标准来衡量人的智能吗？

詹姆斯·弗林（James R. Flynn）是一位研究人类智商的专家，他发现自二战以来，人类的平均智商每十年大约提高三个百分点，这就是著名的"弗林效应"（Flynn effect），同时他指出自然进化不可能达到如此快的速度，因此这种变化只能归因于外部环境。可是近些年来人们却发现了许多"反弗林效应"的现象，根据一些研究发现，人类的整体智商从 20 世纪 70 年代开始逐步走低，同时研究者也认为是外部环境的变化导致了这种情况的出现，其中有生存方面条件的影响，如环境污染等，而更多的则是随着互联网、手机、游戏机等的出现，人们交往的方式改变了，而且越来越少地深度阅读与思考，可智商（Intelligence Quotient，IQ）就等同于智能吗？显然并不是简单的数字比对，因此，不管计算机在运算的速度、精度上如何碾压人类，有些人始终不认可它具备智能，在所有对"图灵测试"的反驳当中，最为著名的就是"中文屋"。

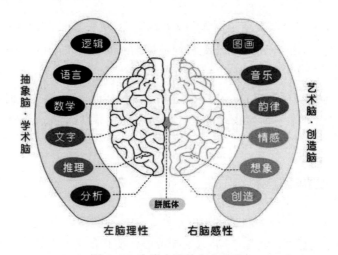

图 4-12　人类大脑的左右半球

"中文屋"最早是由哲学家约翰·塞尔（John Searle）于 20 世纪 80 年代初提出来的，他认为对于人工智能有必要区分强 AI 与弱 AI，因为前者意味着智能不只是模仿，还需要理解能力，为此他构造了一个思想实验，即"中文屋"（图 4-13）。在这个实验中，塞尔假定一个人被锁在一间房屋里，他对中文一窍不通，换言之，这些中文符号和那些无意义的曲线没什么区别，但如果同时给他一本中文翻译词典，以及相应的英文使用手册，这时他就可以理解别人递进来的中文问题，并使用中文来进行回复，于是对于屋外的人来说，就会以为这个人是懂中文的。

图 4-13 "中文屋"的思想实验

"中文屋"反映了许多人的观点,即计算机只不过完成了某种形式处理,没有也无法真正"理解"其中的含义,"理解"这个词在人工智能那里被泛化成了物理符号系统,但对于人类来说,对于"理解"而言最重要的是意向性,而之所以在人工智能那里遭到了误用,是因为我们对于"信息加工"这一概念的混淆,计算机只是处理了形式符号,只有句法而没有语义,比如对于简单的"1+1=2",人类在不同的场合下会赋予它不同的解释,而对于计算机而言就仅仅是一个符号,正是欠缺了对于符号的一阶解释,因而无法引申出更高阶的意义,塞尔对此阐述道:

因为它们本身所作的形式符号处理没有任何意向性;它们是全然无意义的;它们甚至不是符号处理,因为这些符号什么也不代表。用语言学的行话来说,它们只有句法,而没有语义。那种看来似乎是计算机所具有的意向性,只不过存在于为计算机编程和使用计算机的那些人心里,和那些送进输入和解释输出的人的心里。

意向性对于区分人类与人造智能体或许有着举足轻重的作用。当人们停止发出指令之后,人工智能就会失去方向,正因为它们没有自己的目标,没有那种为了解决自身的需要而作出有意向性的个体选择,所以无论人工智能在模仿人类的思维方面获得了多么高的成就,它都无法超越人类。

除了意向性,另一个常被拿来比较的就是情感,人们认为人工智能无论如何都不会有人类一样的情感。人类的情感与体内的生化反应存在高度关联,比如目前已知多巴胺的分泌能引起兴奋、开心等情绪,甚至在某些科学家畅想的未来当中,人们的各种情绪都可以像按摩椅一样,其类型与强度可以由人来进行选择。但是和智能一样,情感难以给出一个放之四海而皆准的确切定义,一般认为它包含信念、欲望等，并会对整体形成某种倾向性的干扰，但是，如果这种倾向性带有某种结构化的特征，那么同样可以赋予人工智能以情感，比如下面这段代码：

```
s = input(输入的内容)
IF s ⊇ 蛇状物　THEN
        输出(厌恶、畏惧)
END IF
```

它构造了人类遇见蛇状物的情感反应，通常地，我们对蛇的厌恶、畏惧来自童年时期所接受的教导，甚至能追溯到生活在丛林荒野的人类先祖，为的是避免好奇而遭受不必要的伤害，进而会发展成为对于所有蛇状物的一种下意识反应，而这段代码首先采集外部的输入，它可以是文字、声音、图像、视频等单一或复合的形式，然后判断其中是否包含有"蛇状物"的内容，如有，则通过文字、语音、表情、动作等方式输出相应的"情绪"，但我们都知道，人类的情感要比这复杂得多。

人工智能发展至今，已在许多领域超越了人类，尤其是结合互联网与大数据之后，它的运算能力得到了更为充分的释放，在行为决策、模拟运算、事务处理等方面，都让人类越来越望尘莫及，甚至在艺术领域，人工智能也表现出让人惊艳的成就。可是，只要它没有自我意识，无法为自己设定目标，就永远只能是人类的工具，而无法实现对于人类的超越。

4.4　群　体　智　能

4.4.1　博弈

1944 年，冯·诺依曼（John von Neumann）与奥斯卡·摩根斯特恩（Oskar Morgenstern）合著了《博弈论与经济行为》（*Theory Of Game and Economic Behavior*），为博弈论学科的建立奠定了基础，冯·诺依曼也因此被称作"博弈论之父"。

"博弈论"（game theory）又称为"游戏理论"，因为就像游戏一样，参与者的收益与自身及其对手的决策同时相关，在这种情况下，如何作出理性的判断就成为关键问题。在博弈论中有如下几个要素：

（1）不少于两个的参与者。

（2）每位参与者都能够作出策略选择。

（3）每种策略选择所带来的收益在对手作出不同选择的时候，通常会有不同的值，一般用数字进行表示。

在博弈论中有一个重要的前提假设，即参与者是"理性的人"，现在通常认为这个概念源自古典经济学家亚当·斯密（Adam Smith），他提出在市场经济中，人是自利且理性的，因而会通过计算来使自身的经济收益最大化，尽管这个模型后来受到了许多批判，比如"马斯洛需求层次模型"就认为，人只有在满足低层次的需要之后才会考虑高层次的需要，而不是总把经济收益放在首位，但"理性的人"仍是进行各种社会分析的重要假设。

博弈论目前被广泛应用于经济学、社会学、生物学、计算机科学、国际关系等领域，在博弈论的发展历史上，除了冯·诺依曼，另一个作出突出贡献的人就是约翰·纳什（John Nash）。纳什所提出的"纳什均衡"（Nash Equilibrium）在博弈论中占有非常重要的地位，它指的是当参与人选择的策略都是彼此间的最佳应对时，那么任何参与人都没有激励的动机去换取另一种策略，简单的说，"纳什均衡"就是指的这样一种状态：博弈的任何一方无法通过只改变自己的策略来提高收益。

"囚徒困境"是纳什均衡中的经典案例，它讲述了这样一个故事：有两个嫌疑犯被抓获，警方将其分开审问，由于证据不够充分，如果两人都抵赖而拒不交代，那么只会获得轻罪，各入狱 1 年；如果一方抵赖、一方招供，那么招供一方因为揭发有功而无罪释放，抵赖一方则会被重判入狱 10 年；如果两人都招供，将各入狱 4 年。那么在被告知这个不同的结果之后，两位嫌疑犯会作出怎样的选择呢？为了更加清晰地表述这个问题，我们假定嫌疑犯为 A 和 B，由于坐牢是负收益，因此用负数来表示，那么就会得到表 4-2 所示的收益表。

表 4-2 囚徒困境的收益表

嫌疑犯 A	嫌疑犯 B	
	抵赖	招供
抵赖	-1, -1	-10, 0
招供	0, -10	-4, -4

按照预设两个嫌疑犯都是"理性的人"，会通过计算来使自己的收益最大化，同时由于每个人的收益都与同伙的选择相关，因此理性的做法就是先假定同伙的选择，再根据这个选择来决定自己的选择，这个过程就好像我们玩"石头剪刀布"的游戏一样，会先揣测对方的出手，然后选择自己的出手。因此对于嫌疑犯 A 而言，他先假定 B 选择抵赖，那么此时 A 的最佳选择是招供，因为相比他也选择抵赖而各入狱 1 年，A 选择招供就可以被开释，虽然此时 B 会因此而入狱 10 年；同样地，如果 B 选择向警方招供，那么 A 的最佳选择也是招供，因为如果他选择抵赖，就会被重判 10 年，而选择招供只会入狱 4 年。在这里，对于两个共犯自身而言，抵赖是合作，而招供则是对于同伙的背叛。

同样地，对于 B 而言也可以通过上述分析过程作出相同的选择，即招供，此时就可以发现其中的悖论：按照各自的理性所作出的选择（招供），并不能给群体带来最大收益，因为对于不同的选择组合，可以通过将双方的收益简单相加而获得，比如两个人都招供（对同案犯而言是背叛），那么群体收益为：(-4)+(-4)= -8，类似地，一方招供一方抵赖的群体收益为-10，两个都抵赖（对同案犯而言是合作）的群体收益为-2，因此对于这两个嫌疑犯所组成的共同体而言，最好的选择就是大家都抵赖，此时群体（两个人）的共同收益是最高的，而这种情况被称为"帕累托最优"。

在帕累托最优的情况下，整体资源分配已达到最优值，任何状态的改变，在增加某些个体收益的情况下，必然会导致其他个体的收益减少，比如在"囚徒困境"中，双方都抵赖将是"帕累托最优"，如果其中一方（假定是 A）想要提高自己的收益，那么他只能选择招供，此时 A 的收益提高了，从-1（入狱 1 年）提升到 0（开释），但此时 B 的收益却大幅减少，从-1（入狱 1 年）变成了-10（入狱 10 年）；与此同时，群体收益也会出现下降，在两个人都抵赖的情况下，此时的群体收益最高（-2，各坐牢一年），而当 A 选择背叛同伙而招供之后，群体收益会下降到-10（一人开释，一人入狱 10 年），而如果两个人都选择背叛同伙而向警方招供，那么群体收益也会下降到-8（各入狱 4 年）。

在"帕累托最优"中有一个经常被引用的例子，即"猎鹿博弈"，说的是两个人出去打猎，猎物是鹿和兔子。如果独自行动，可以打到 4 只兔子，满足 4 天的生活需要；如果选择合作猎鹿，那么得到的食物可以满足各自 10 天的生活需要，但必须在双方合作的前提下方可实现，其收益表如表 4-3 所示，那么在相互不知道对方选择的情况下，会发生什么事情呢？

表 4-3　猎鹿博弈的收益表

猎人 A	猎人 B	
	兔子	鹿
兔子	4，4	4，0
鹿	0，4	10，10

对于猎人 A 而言，他假定猎人 B 选择猎兔，那么 A 的最佳选择也是猎兔，因为独自猎鹿会空手而归；如果假定猎人 B 选择猎鹿，那么 A 的最佳选择就是与 B 合作。同理，猎人 B 最后发现自己也有两个选择，因此在"猎鹿博弈"中出现了两个纳什均衡：如果两个人一起去猎鹿，此时选择背叛是不明智的，因为会导致自身收益减少（从 10 到 4），因而是稳定的；同时，如果每人各干各的，那么放弃到手的兔子去选择猎鹿，而一旦得不到另一方的合作，也会导致自身收益减少（从 4 到 0），所以也不会试图作出单方面的改变，是稳定的。

与"猎鹿博弈"相比，"囚徒困境"的均衡点并非"帕累托最优"，因为当处于"最优"时（两个嫌疑犯都抵赖），任何一方都可以通过独立行动（招供）来获得更大收益，使得该状态并非均衡而稳定，但是在"猎鹿博弈"中的两个均衡点中，有一个却能够达到"帕累托最优"，即一开始双方都选择猎鹿，那么在没有其他因素介入的情况下，彼此会维持在这个状态，因为任何一方的背叛都会使自己的收益降低。

"帕累托最优"有着更为广泛而深刻的社会意义，人们都希望在促进整体福祉的前提下，能够实现个体收益的最大化，可是在现实生活中，却经常出现与此相悖的情况，除了"理性的人"的自利本性之外，还有许多其他原因，比如不同的行为偏好使得系统处于不同的初始态，进而影响演化的路径与结果。在"猎鹿博弈"中，选择"猎兔"的人更保守，偏好"回报优先"（payoff dominant），选择"猎鹿"的人更激进，偏好"风险优先"（risk dominant），而且这种偏好会影响博弈的结果，并使其一直处于某种稳定状态。此外，人们不总是能获得评估所需要的全面信息，所有这些因素的存在，使得生活中各种不符合"帕累托最优"的情况比比皆是，比如"公地悲剧"。

"公地悲剧"又称为"哈丁悲剧"，是由美国生态经济学家加勒特·詹姆斯·哈丁（Garrit James Hardin）所提出来的。所谓"公地悲剧"，简单的说，就是对于公共资源的过度使用，而导致的资源枯竭或者破坏，哈丁举了一个例子：牧羊人在增加羊群而产生更多收益的同时，会加重公共草地的负担，但只要有一个人这样做，就会引发群起效仿，最后使得草地的过度放牧而荒芜，这反过来又会导致每个人的羊群因食物不足而出现死亡，以致得不偿失。在我们身边类似"公地悲剧"的例子俯拾皆是，比如大气排放、环境污染等，因此市场经济并不具备完全的自主调节能力，在这只"看不见的手"之外，也需要某种强制性的力量（比如政府、行业协会等），来制定规则、明晰产权。

4.4.2　合作的进化

在"囚徒困境"中，存在着帕累托不充分的情况，要改变这种状况，除了通过强制的方式，比如法律、教育等，还有一种方式就是通过重复多次的博弈，因为在这个过程中，某种互利的行为策略会逐渐地、自发地演变出来。

任何有机体都有一种"自利"的倾向，这种倾向与"道德"无关，而与有机体内的基因特性有关。在早期孕育生命的演化池中，存在着各种各样的基因，有些天性"小富即安"，只要满足基本的生存需要就不再多拿多占，有些则天性"贪得无厌"，会对资源进行不知餍足的掠夺；同时，有些基因繁衍换代较快，有些则较慢，当这些基因结合在一起并依附在其宿主之上后，就会外显为有机体的行为特征，而当这些外显的行为特征不适应环境的变化时，就会导致其宿主的死亡乃至灭绝。

当资源充足时，各种基因及其宿主的生存繁衍需要都能得到满足，但随着有机体规模的不断扩大，资源会逐渐地不敷所需，那些由"天性谦让"的基因所构成的宿主，就会在竞争中失利，它们的种群也就会出现缩减甚至消亡，而那些"贪婪"的基因及其宿主，则会获得更多的生存和繁衍机会，这种自然的选择并不带有"道德"的判断，而只是一种物竞天择的自然演化结果，就像生物病毒，有些病毒传染能力强，但是如果它同时具有高致死率，就会导致宿主大量死亡而阻碍了自身的繁衍与生存，甚至会销声匿迹；同样地，那些传染能力弱的病毒，可能也会因为繁衍得不够快而在竞争中失利，只有那些传染能力强，同时致死率不太高的病毒，才会在自然传播的情况下，逐步地获取生存优势，扩大种群的规模，但我们不能就此认为这些病毒具有"智能"或者"道德"，而只能说在特定的自然条件下，它们的某些"天性"更适合生存与繁衍。

可是，人毕竟与低等生物不同，他们可以抛开"自利"的生物本性，而作出利他的行为选择，甚至献出生命，而这对于宿主所携带的基因而言是毁灭性的，虽然这种行为在其他高等生物中也会存在，比如人类的哺乳近亲，但是远没有人类来得复杂，比如初次交往，我们该选择合作，还是更自利一点？而面对背叛，如果选择宽容，是否会导致对方得寸进尺？但如果选择还击，是否会引发冤冤相报，而陷入无休止的争斗当中？这些问题不仅存在于人与人之间，同时也存在于组织与组织、族群与族群，乃至国家与国家之间，那么除了某种强制性的措施，比如法律、教育、协议等，是否还存在能够借助理性而自我演化形成的利他行为策略，对此美国密歇根大学政治学与公共政策教授罗伯特·阿克塞尔罗德（Robert Axelrod）进行了深入的研究。

阿克塞尔罗德构想了一个类似早期基因池自然演化的游戏，在这个游戏中，每个行为策略可以选择合作或者背叛，并按照如下的规则进行博弈：若双方都选择合作，则各得 3 分；若双方都选择背叛，则各得 1 分；若一方合作一方背叛，则合作一方得 0 分，背叛一方得 5 分。然后将这些行为策略进行两两的对决，当每一个行为策略都与其他行为策略对决以后，将其称为一个轮次，而在经过多轮之后，不同的行为策略其得分就会呈现出高低的分布，得分越高的，就说明相应的行为策略更具竞争优势，而那些得分为 0 或者低于设定值的，则自动的退出游戏（相当于自然进化中的物种消亡）。阿克塞尔罗德将上述说明发给了全球的博弈专家，征集他们的行为策略。

在首批征集的 15 个行为策略中，有 14 个来自心理学、经济学、政治学、数学和社会学等 5 个学科的各类专家，还有 1 个是"随机"的。所谓"随机"，就是这个行为策略好像一个"喜怒无常"的人，好恶毫无道理可言，完全凭当时的兴趣（随机数）而任意地选择合作或者背叛，除此之外，其他的行为策略都表现出某种规律性，比如"乔斯"规则，它貌似一个狡诈的人，它总是在对方背叛后，立即（下一轮博弈）选择背叛，同时它每十次中有一次会在对方合作之后选择背叛，试图偷偷地占点小便宜。

在经过前后 5 次以及每次 200 轮的博弈之后，得分最高的是"一报还一报"规则，虽然有一次它的排名是第二，但大多数都是排名第一，而"一报还一报"规则非常简单，即：首先选择合作，然后每一次都采取对手上一次的选择。另外值得一提的是"唐宁"规则，它可以看作"一报还一报"规则的变形，而且采取了一个相当复杂的策略，它以自己长期收益最大化为目标，并通过概率来判断对手的选择，在试探性地背叛之后，如果发现对手反应"迟钝"，那么以后就会在同等概率的情况下，更多选择背叛；但是，如果发现对手对背叛很"敏感"，只会在对手合作之后再选择合作，那么"唐宁"就会更多地选择合作。

在这个模拟实验中，阿克塞尔罗德还发现得分高的行为策略都是"善良"的，即从不首先背叛，它们排在了得分的前8位，而且两个善良的规则相遇时，它们自始至终都会选择合作，但是在善良规则里，那些比较不宽容（对背叛容忍度较低）的规则得分会偏低，比如在所有善良规则中得分最低的"弗里德曼"规则，它绝不首先背叛，但一旦对方背叛，就会一直背叛到底，正是这种"记恨的性格"降低了它的长期收益。

在完成第一次的15个行为策略的模拟演化之后，阿克塞尔罗德后来又进行了一次规模更大的实验，收集了来自6个国家的62个行为策略，加上"随机"规则，一共63个，但综合得分最高的依然是"一报还一报"规则，但也发现了一些有趣的现象，比如"检验者"规则，它采取更为"滑头"的策略，从一开始就选择背叛，一旦发现对手不好惹，就马上转为合作，并在接下来的交往中采取"一报还一报"规则；但如果发现对方对于背叛反应迟钝，那么在占了便宜之后，它又马上在接下来的两轮对弈中选择合作来"麻痹"对方，而后在合作两次之后就背叛一次，因此那些善良且比较宽容的规则，比如只有在对方连续背叛两次之后才选择回击的规则，在与这种"滑头"打交道时就会吃大亏。

但是，比"检验者"规则更滑头的是"镇定者"规则，相比"检验者"规则一开始就背叛，它会先示好，但如果发现对方背叛，那么它就会背叛，然后通过试探再决定是否还要占便宜；如果对方一直合作，那么在十几步或二十几步后，它开始偶尔地背叛一两次，如果此时对方依然选择合作，那么"镇定者"就会更加频繁地背叛，但是它有自己的"底线"，即只要平均得分保持在每步2.25分以上，它就不会"贪婪"到连续背叛两次，而且背叛行为也不会超过当前总数的1/4。可是，尽管这两个行为策略都精于算计，但它们的得分却都不太高，在所有参加博弈的63个行为策略中，"检验者"规则排名第46，"镇定者"规则排名第27，而为了对付这些潜在的"滑头"，人们尝试着对"一报还一报"规则作出必要的改进，但最后的结果却表明，它们的表现都不及"一报还一报"规则简单而有效。

如果将这个演化过程比拟为自然界的进化过程，每一轮就相当于一代，那么经过若干代的进化之后，就能发现一些出乎意料、但又发人深省的结果，比如刚开始时善良与非善良的规则有着近似的占比，但随着演化的不断进行，那些"天生滑头"的家伙也越来越难以生存，因为能被它们占便宜的"冤大头"，由于遭受了太多的盘剥而越来越少了，比如一味示好的行为策略，被对手一直占便宜而不加以反击，那么在经过多轮博弈之后就会因为得分过低而触发退出机制，而当这些"冤大头"消失之后，那些自以为聪明的家伙也逐渐地再无便宜可占，于是也同样地慢慢消失了。虽然这只是一个仿真实验，真实的人类社会远比这个要复杂得多，但它依然揭示了许多深刻的道理。

第一，良好的互利关系来自预期的收益。如果相互的交往是偶发的、一次性的，那么人们可能会更倾向于自利的选择，比如在外旅游时，人们有时会选择粗暴甚至不合理的"砍价"，但对于长期光顾的店铺，却往往会采取更温和的还价策略；此外，当预期的收益即将失去时，背叛行为的出现概率会陡然增高，商业上的违约行为就常常出现在合作的最后阶段，因为再不占便宜以后就没有机会了。

同时，预期收益也不是一个单一而固定的值，在阿克塞尔罗德的实验中，他提出了 4 个变量，分别是：对合作的奖励 R、对背叛的惩罚 P、对背叛的诱惑 T 和给笨蛋的报酬 S。而整个收益是一个与这 4 个变量相关的函数，而收益值也会随着交往的深入而发生变化，比如边际效应的存在。"边际效应"是指在其他条件不变的情况下，新产品的收益会逐步地降低，直至"边际值"时，新产品将无法带来收益，甚至产生负收益，常被引用的一个边际效应的例子就是吃包子，第一个和第五个包子带来的满足感显然不同，到了最后再吃包子可能会成为负担，因为肚子已经撑不下了。

第二，永远不要首先背叛。生物体对于背叛都会产生"记忆"，加上人类天性中的个体偏好，往往会带来潜在的严重后果。有些人对于背叛无法忍受，哪怕只有一次，就再也不会给对方留下任何机会；也有些人比较宽容，虽然看上去会"不计前嫌"，但"记忆"的存在会潜移默化地改变他们的行为策略，在未来会采取更为审慎的合作态度，对背叛行为的"敏感度"也会提升。因此，一旦信任遭到破坏，重建的成本会非常高昂，所以那些以为首先背叛可以占得一点便宜的人，往往都会自食其果。

第三，要对背叛行为作出及时的反应。因为过度的宽容，或者反应"迟钝"，会让对方产生错觉，以为这种背叛行为是可以被接受的，就会诱使他再次作出背叛行为。虽然在游戏中为两两配对的行为策略设置了"独立空间"，使得可以有区别性地对待"每一个人"，但在现实生活中，我们会把从一个人、一件事那里获得的经验迁移到其他场景，比如家庭溺爱的孩子在其他场合中所表现出来的任性，但游戏的结果表明，主动背叛的行为策略，其得分在整个群体中并不太高，因为不是每个人都愿意给别人占便宜的。

第四，要给予更多的宽容，对于背叛的即时反应不是为了反击，而是为了告诫，但世事无常，每个人都难免会做些出格的事，如果总是抓住曾经的错误不放，就可能会使对方原本的无心之失，演变成长期的背叛行为，比如"弗里德曼"规则，它只要被背叛一次，后面就会选择一直背叛，哪怕对方重新示好也不行，而它的得分在善良规则里也是最低的，在现实生活当中，这种关系演变到最后，往往会以结束而收场。

第五，要有可被识别的行为策略。在阿克塞尔罗德的两次实验中都有一个"随机"规则，它的行为策略毫无规律可循，这种"任性"的做法，让别人很难把握他的行为准则，也就无法采取适当的对策，结果一次排名垫底，一次排名倒数第二。因此，让别人尤其是陌生人能够快速地识别并了解自己的行为策略，会有助于双方长期和稳定的交往。

"一报还一报"规则被认为是普世的"黄金法则"，在全世界各地的不同文明和制度当中都可以找到它的身影，用通俗的话来说，就是用你对待我的方式来对待你，而阿克塞尔罗德的实验也告诉我们，相比"一根筋"的基因，人类显然更具理性和灵活性，在帮助我们牢记过去经历的同时，也会促使着我们作出超越生物的自私本性，以及更有利于自身与群体生存，同时也更具"人性"的选择。

第 5 章 数据与计算

5.1 大数据时代

5.1.1 万物皆数

毕达哥拉斯（Pythagoras）是古希腊的数学家、哲学家，他认为世界的本原就是"数"，因为事物的性质是由各种数量关系决定的，"数"的变动就会引起事物的变动，而宇宙就是由数及其和谐比例所构成的体系，"万物皆数"的观念正是由此而来，对此亚里士多德在《形而上学》中如此描述道：

毕达哥拉斯学派所讲的本原和元素比自然哲学家们所讲的更为奇怪，理由是他们是从非感性的东西中得到这些原则的。因为数学的对象，除了天文学的对象外，都是属于不动的东西；可是他们所讨论和研究的却又是关于自然的所有一切，关于天的形成，以及他们观察到的天体的部分、属性和作用等现象；而且运用这些原则和原因解释这一切，好像他们和自然哲学家们一致，都认为"实在"就是一切可感知的事物，也包括所谓的"天"。但是，我们已经说过，他们提出来的原因和原则，足以进入更高一级的"实在"，而且与其用来解释自然，不如解释更高一级的"实在"更为合适。

可是世间万物如何从数中产生的呢？数学家赫尔曼·外尔（Hermann Weyl）说："数学被称为关于无穷的科学。"因为数学家发明了有限构造，而该构造其本性却隐含着无穷，老子的《道德经》中有："道生一，一生二，二生三，三生万物。"而毕达哥拉斯学派中也有类似思想，他们认为万物源于"一"，对此第欧根尼·拉尔修（Diogenēs Laertius）在《名哲言行录》中描述道：

万物的本原是"一"或单位；从"一"产生出不定的"二"，它是"一"的质料和基质，"一"是它的原因。从"一"和"不定的二"产生数；从数产生点，从点产生线，从线产生平面，从平面产生立体，从立体产生可感觉的物体，以及它们的四种元素：火、水、土、气；这些元素互相转化，组合而产生一个有生命的、精神的、球形的宇宙，地居于它的中心，地自身也是球形的，在它上面住着人。

毕达哥拉斯学派不仅认为数是一种更高级的"实在"，同时与其他"质料"相比，比如水、土、火等，数更单纯，同时由数字所构成的世界也更稳固，"因为数学中的法则是绝对确定和无可质疑的，而其他科学的法则是可质疑的，并随时有被新发现的事实所推翻的危险"（爱因斯坦），因此借助数学就可以为物理学和化学等提供坚实的基础，进而为生命科学、社会科学提供了基础，这是一个自下而上的层级结构。

正是数字的这些特性使其具备更好的事物描述能力，世界上除了具体的实在之外，还存在一些抽象的事物，比如正义、理性、灵魂、爱情等。根据毕达哥拉斯学派的观点，"1"是数的第一原则，万物之母，也是智慧；"2"是对立和否定的原则，是意见；"3"是万物的形体和形式；"4"是正义，是宇宙创造者的象征；"5"是奇数和偶数，雄性与雌性和结合，也是婚姻；"6"是神的生命，是灵魂；"7"是机会；"8"是和谐，也是爱情和友谊；"9"是理性和强大；"10"包容了一切数目，是完满和美好。

在毕达哥拉斯学派看来，"美即和谐"，这种和谐也可以用数字来进行描述，比如著名的"黄金分割"（golden section），它是指将整体一分为二，较大部分与整体部分的比值等于较小部分与较大部分的比值，其比值约为 0.618，而这个比例被公认为最能引起美感，"黄金分割"一词正是由此而来。在许多知名的建筑、艺术作品中皆可看到"黄金分割"的身影，比如古埃及金字塔、巴黎圣母院、埃菲尔铁塔等。

除了绘画，毕达哥拉斯学派认为音乐的和谐也是由高低长短轻重不同的音调按照一定的数量上的比例组成的，是"对立因素的和谐的统一，把杂多导向统一，把不协调导向协调"。一个音阶是假定了存在无限的连续音调，而它们必须以某种方式限制来使音级提高，如果要使音乐让人愉悦，就不能随机在连续的音调中选择点和音调音阶，而毕达哥拉斯发现，当琴弦的长度为 2:1 的时候，可产生八度音；当琴弦的长度为 3:2 的时候，可产生五度音；当琴弦长度为 4:3 的时候，可产生四度音。例如以 C 为基音，按照五度相生原理向上可生出 G、D、A、E、B，向下可生出 F、降 B、降 E、降 A、降 D、降 G，将连同基音在内的十二个音写在一个八度之内。

毕达哥拉斯学派是第一个唯理论学派，通过理性延展并得到逻辑形式，这种数论逻辑后来成为唯心主义的先声，同时毕达哥拉斯学派也深受早期辩证法的影响，认为宇宙的秩序由对立与统一的法则决定着，万物则从中而生，这些法则都是成对地出现，比如"有限—无限""直—曲""善—恶"等，如图 5-1 所示。

有限	奇	一	右	雄	静	直	明	善	正方
无限	偶	多	左	雌	动	曲	暗	恶	长方

图 5-1   由十组对立与统一的法则所构成的宇宙秩序

到了近代，人们发现数字"3"有着某种特别含义，亨利·庞加莱（Jules Henri Poincaré，又译彭加勒）在 19 世纪末就指出，在自然界中存在一个"三体问题"，即经典物理学可以解答单体问题、二体问题，但对于如日、月、地这样的三体问题，原则上却无法求出精确解，因为其解是随机的。1975 年，华人学者李天岩和美国数学家约克（Yorke）在美国《数学月刊》上发表了震惊学术界的论文《周期 3 意味着混沌》（*Period Three Implies Chaos*），这篇论文提出的观点，后来被人称为"李-约克定理"（Li-Yorke Theorem），这个定理可简要地概括为："若一个函数有 3 周期点，则有任何 k 周期点。"

"混沌理论"（chaos theory）最初是由美国气象学家爱德华·诺顿·洛伦茨（Edward Norton Lorenz）提出来的，它与相对论、量子力学一起，被人们称为 20 世纪物理学的三大发现，该理论一个为人所熟知的论述就是"蝴蝶效应"，只要初始输入数据的细微变化，在经过不断放大之后，就可能导致截然不同的结果。

世界本质上是非线性的。确定性的动力学系统，是指在任一时刻的状态被初始状态所决定的系统，这种可积可解的动力学系统在自然界中寥寥无几；相反，不可积系统却数不胜数，而动力学系统的不可积性就意味存在混沌运动，比如马尔萨斯的人口方程：

$$x_n + 1 = \lambda x_n(1 - x_n)$$

式中，λ 是一个表示增长率的参数，取值范围为 $0 \leqslant \lambda \leqslant 4$。当 $0 \leqslant \lambda \leqslant 1$ 时，迭代值会趋向 0，表明物种灭绝；当 $1 \leqslant \lambda \leqslant 3$ 时，人口数随 λ 单值上升；可是从 $\lambda > 3$ 开始，会出现两种不同类型的迭代变化方式，此时曲线一分为二，系统进入以 2 为周期的循环，随着迭代值的逐渐增大，振荡周期也成倍地增加，并且分岔越来越快，直至周期崩溃，而让位于混沌。在这个非线性程度增大的过程中 $\lambda = 3$ 是系统演化的第一个突变点，因此只要系统出现三个互不相关的频率耦合，就必然形成无穷多个频率的耦合，并最终走向混沌。

在古汉语中"三"有时也非实指，而只是虚数的代称，以表示能发展出"多"的基数，而现代科学的发现，不需要复杂程序和繁多数量累积，只要非线性系统有通向混沌的"周期 3"，就能够用它组合无穷多的周期，形成混沌，并创造出天地万物的各种奇迹。

5.1.2　计算的世界

计算的英文单词为 calculation，源自古希腊文：κάχληκα，意为碎石，即用来计算数目用的小石头，后来被翻译为拉丁文 calculus，之后演变成英文 calculation。计算由来已久，根据考古的发现，人类在五万年前就已会简单的计数，并由此发展出了现在我们使用的数学符号和计数体系。

中国的计数体系出现在夏、商、西周三代时期，从那个时期出土的甲骨文中发现了 1、2、3 等数量的计数文字（图 5-2），而在公元前三、四千年的西安半坡遗址等遗址出土的陶器上也发现了 I，II，III，IIII，X，Σ，Λ，↑，+，Λ 等符号，分别表示 1，2，3，4，5，6，7，8，9，10 而有了计数的文字，人们就可以在文献中表示数量的概念。"结绳而治"一词出自《周易·系辞下》中的"上古结绳而治，后世圣人易之以书契，百官以治，万民以查"，原意为上古没有文字，用结绳记事的方法治理天下，后引申为不用法律而治国的空想，其中的"书契"就是在木条上刻痕。作为一种古老的记事方式，"结绳"不仅存在于中国，在全球各个文明的历史中都可以找到它的身影，早在公元前 3000 年，古埃及人就用结绳来记录土地面积和谷物收获的情况，甚至时至今日，在某些没有文字的遗存文明中仍能看到它，而这种方式的主要功能就是进行计算。

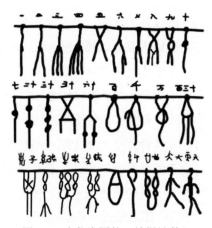

图 5-2　古代中国的"结绳计数"

计算在人类社会生活中有着非常重要的作用，比如人口普查，在人类社会的早期，战争频仍，因此获得确切的人口数量对于族群的生存与发展有着重大的意义，在《甲骨金文字典》中就有："丁酉，贞勿登人四千。"其中"登人"就是备战前的征兵。中国作为世界上最早进行人口调查的古代国家之一，在公元前 2200 年大禹治水而设九州之后，就着手统计人口和土地，"平水土、分九州、数万民"，其中"数万民"就是统计人口，当时的统计结果为 1355 万，而我国首次较为精确的人口普查，是西汉平帝元始五年（公元 5 年），统计结果当时全国共有居民 12222062 户，59594978 人。

现代意义上的户籍管理也是首先出现在中国，明太祖洪武二十四年（1391 年），朱元璋派军队协助地方进行了一次声势浩大的全国人户的"点闸对比"，这次人口普查的结果是全国共有 10684435 户，56774561 人，并给每户编制了户贴，户贴上详细记载了这户人家的田产数量以及所应承担的赋税役额度，这样既明确了每户所应承担的义务，同时也是一种"不动产证书"，对百姓财产起到了保护作用；后来"户贴"进一步发展成"黄册"，册上同时注明了户主类别等信息，比如是"军户""民户"还是"匠户"，同时从"黄册"开始，人口普查一改过去从上而下的做法，变为由各户自行填写，然后逐级上报，英国学者卡尔津后来称其为"全球最先推行全国人口普查的明证和榜样"。

计算就需要工具，人类最早的计算工具并不是诸如小石头的身外之物，而是自己的手指，这也被认为是十进制的由来，直到现在，许多初学识数的小孩都还会借助手指头来完成简单的计算，而说到计算工具，那么就不能不提算盘。算盘实际上是一个统称，它大致可以分为三类：沙盘类，算板类，穿珠算盘类。中国人所指的算盘属于第三类，也称为算筹。算筹是中国古代的一项重要发明，最早可以追溯到公元前 600 年，至于由何人发明现已不可考。南北朝时期的数学家祖冲之，借助算筹计算出了圆周率的值介于 3.1415926 和 3.1415927 之间，这一结果比西方早一千年。有意思的是，现代的研究发现，中国算盘实际上融合了五进制、二进制和十进制三种数制，可以看作一个手工操作的计算机。

此外计算还需要数据，在信息时代之前，要获得全面、准确，尤其是实时的数据是不可能的，因而制约着计算的应用与发展。作为在社会学中引入统计学的第一人，1897 年涂尔干（Emile Durkheim）在他的著作《自杀论》（Le suicid）中研究了巴黎历年自杀的数据，其中使用到的各种统计方法，使得该书成为后来社会学的基本读物之一，可是，这种统计方法却受到了现代学者的批评，他们认为真正的社会测量应当是"实时且全体化的"。

在小数据时代，人们通过抽样的方式来获得数据样本，因为在当时的技术条件下做不到全数据采集，在这种情况下，样本数据的选择就显得尤为重要，在对一个量进行估算时，如果总体存在着多个层次，通常的做法是从每个层次中随机抽样，且样本大小应该与总体存在着正比的关系，比如国民生产总值，它有多种统计方法，其中一种是依据个人消费支出、政府消费支出、国内资产形成总额、出口与进口的差额的统计值，每一个子项对应着一层，然后从中选择最具代表性的数据，但统计学家耶日·奈曼（Jerzy Neyman，又译内曼）却指出，数据统计的关键问题在于选择样本时的随机性。

"大数定理"（law of large numbers）是概率论历史上第一个极限定理，它是指在条件不变的情况下，重复试验多次，随机事件的频率近似于它的概率，比如抛硬币，当抛掷的次数足够多时，每一面出现的频率就接近总数的二分之一，表明有规律的随机事件往往呈现出某种的统计特性，也就是说，偶然中包含着某种必然。

小数据受限于数据的样本，可随着技术的不断进步，人们对于数据的获取能力不断增强，尤其是计算理论的发展与计算设备的进步，使得计算开始出现在越来越多的各类场合当中，2013 年，诺贝尔委员会将该年的化学奖颁给了三位"计算化学"的研究者，以表彰他们在"为复杂化学系统创造了多尺度模型"中所作出的贡献。作为一门新兴的研究方法，"计算化学"有别于传统的化学研究，它仅仅使用计算机设备与程序，就能实现以往需要在实验室才能开展的研究，这也使得化学不再是一门纯粹的实验科学，而同样的情况还出现在与化学有着亲缘关系的生物学科领域，典型的就是计算在基因测序中的运用。

在人文社科领域，也越来越多地看见了计算的身影。2009 年，拉泽（David Lazer）等 15 位美国学者在《科学》上联合发表了一篇名为《计算社会科学》（*Computational Social Science*）的文章，宣告一门新兴学科的诞生；2012 年，来自欧美国家的 14 位学者又在《欧洲物理学刊》发表了《计算社会科学宣言》（*Manifesto of Computational Social Science*），指出了计算社会科学所涉及的三个方面（涌现现象、社会学习系统与机制、定量社会科学），同时提出了三个"大"——大数据、大问题、大思考，来应对新技术所带来的机遇与挑战。

计算社会科学是一门横跨数学、统计力学、复杂性科学、网络科学、自然语言处理、人工智能、社科理论等多个领域的交叉学科，它基于数据驱动，具有数据密集化的特征。根据使用环境的不同，计算社会科学的研究方法主要包括如下五种：自动信息提取、社会网络分析、地理空间分析（又被称为社会地理信息系统、地理信息系统）、复杂系统建模、社会仿真模型。以社会网络分析为例，它与互联网、人工智能等技术密切相关，因为越来越多的人类活动都转移到了线上，使得社会网络分析成为理解社会现象的重要途径与手段。

事实上，除了人类社会，在自然界也存在着大量的计算行为，给予了人们无穷的启迪，许多计算理论尤其是仿生理论都来自大自然，比如著名的遗传算法、蚁群算法等。今天，当我们以"计算"为关键字来查找文献时，会发现许多奇怪的用法，比如《细胞悬液中细胞跨膜电位计算模型》《电力市场中投标策略纳什均衡计算及安全成本分摊》《音乐认知研究及其计算分析》《生物计算系统及其在图论中的应用》等，这一切似乎表明，即便在人类社会计算也不仅仅只限于与数学有关的问题，那么该如何来定义"计算"呢？

计算最原初的定义为"是一种将单一或复数之输入值，转换为单一或复数之结果的一种思考过程"，而随着人类社会的不断发展，计算的定义也在发生着变化。中文的"计算"实际上对应着两个英文单词，除了"calculation"之外，还有一个是"computation"，也许可以从这个角度来理解计算更为丰富的内涵，即：计算是包括简单的数学计数与复杂的逻辑法则的求解过程，其中后者通常借助计算机来模拟和实现，而且不一定与数字有关，如此一来，计算就无所不在了。

化学家哈姆弗雷·戴维爵士曾经指出："没有什么比应用新工具更有助于知

识发展。在不同的时间，人们的工作成就不同，与其说是天赋智能造成的，毋宁说是他们所拥有的工具特性和软资源（非自然资源）造成的。"今天，我们已身处信息时代的浪潮当中，并越来越多地受到了来自"计算"的巨大影响。

5.1.3 大数据的到来

"大数据时代"一词出自全球知名咨询公司麦肯锡，对此麦肯锡公司描述道：

数据，已经渗透到当今每一个行业和业务职能领域，成为重要的生产因素。人们对于海量数据的挖掘和运用，预示着新一波生产率增长和消费者盈余浪潮的到来。"大数据"在物理学、生物学、环境生态学等领域以及军事、金融、通信等行业存在已有时日，却因为近年来互联网和信息行业的发展而引起人们关注。

所谓"大数据"（big data），是指"无法在一定时间范围内用常用软件工具提取、存储、搜索、共享、分析和处理的海量的、复杂的数据集合"，与传统的数据处理采用抽样法不同，大数据处理针对的是所有数据，但是大数据不只是"海量的数据"（mass data），或者"非常大的数据"（very large data），它的"大"主要体现在如下几个方面：容量（volume）、多样（variety）、速度（velocity）、价值（value），而除了公认的"4V"之外，大数据还有一些其他的"V特征"，比如 veracity（真实性）、visualization（可视化）、validity（有效性）等。

（1）容量：根据 IDC 发布《数据时代 2025》的报告，预计到 2025 年，全球产生的数据将增加到 175ZB，相当于每天产生 491EB 的数据，如果按照 25Mb/s 的网速，那么下载 175ZB 的数据需要大约 18 亿年，作为对比，人类所有印刷材料的数据量是 200PB，而全人类所有的话的数据量也只有大约 5EB，其中 1ZB=1024EB，1EB=1024PB，1PB=1024TB。

（2）多样：过去人们存储的更多是结构化数据，即由二维表结构来逻辑表达和实现的数据，它们严格地遵循数据格式与长度规范，并主要通过关系型数据库进行存储和管理，而大数据则更多地面向非结构化数据，如各类报表、音频、视频、图片、地理位置信息等，这些多类型的数据对数据的处理能力提出了更高要求。

（3）速度：得益于互联网以及相关信息技术，大数据在获取、存储和处理上都有别于传统的数据挖掘，尤其是实时的获取大大提高了数据的可用性，降低了存储成本，为后续的数据分析处理提供了保障。

（4）价值：相比于传统的小数据，大数据最大的价值在于从大量的各类数据中，挖掘出其中的相关性，并借助人工智能、计算理论等方法，从中发现新模式、新规律和新知识，进而给改善社会治理、提高生产效率、推进科学研究带来助力。

与人们通常的理解不同，更"大"的数据并没有使计算更准确，因为数据的来源和结构变得多元化，反而让结果呈现出混杂性。在小数据时代，由于采集的数据较少，因此必须更加精确地测量与处理数据才能保证结果的准确，但在大数据时代，数据在理解与使用上更多与概率相关，同时数据量的暴涨也让结果出现了质的变化，比如微软 Word 中的语法检查，当数据量从 500 万增加到 10 亿之后，原本表现很差的简单算法，准确率一下从 75% 跃升到 95% 以上，与此形成对比的是，在少量数据情况运行最好的算法此时却表现最差，而其准确率则只从 86% 提升到 94%，因此谷歌的人工智能专家彼得·诺维格（Peter Norvig）在面对其母公司的语料库如此评价道：

从某种意义上，谷歌的语料库是布朗语料库的一个退步。因为谷歌语料库的内容来自未经过滤的网页内容，所以会包含一些不完整的句子、拼写错误、语法错误以及其他各种错误。况且，它也没有详细的人工纠错后的注解。但是，谷歌语料库是布朗语料库的好几百万倍大，这样的优势完全压倒了缺点。

准确性的削弱也与成本有关，包括采集、处理和存储，因此人们有时会故意舍弃一些数据来降低成本，在这种情况下，人们转而更关注的事物之间的相关性而非因果关系，即相比"为什么""是什么"显得更有价值，因为只需知道将要发生的事件，人们就可以立即采取行动，而无需过多地追问原因，比如在医疗领域，当人们通过大数据发现某些突发病症与一些特征（如心跳、血压等）高度相关时，当出现这些征兆时就可以迅速地介入，如此一来就能挽救许多生命，哪怕暂时无法确定病因也无碍主旨。

因此，进入大数据时代，不仅人们的生活在发生变化，其对于世界的感知和理解也在发生着变化，比如科学研究的范式，从最早的实验、理论，到最近的计算，再到大数据时代才出现的数据探索，都在印证着这个变化，如表 5-1 所示为科学范式的变化。

表 5-1　科学范式的变化

科学范式	时间	思想方法
实验	几千年前	描述自然现象
理论	几百年前	运用模型、总结一般规律
计算	几十年前	模拟复杂现象
数据探索	现在	通过设备采集数据或是模拟器仿真产生数据；通过软件实现过程仿真；将重要信息存储在电脑中；科学家通过数据库分析相关数据

大数据的处理涉及了数据收集、数据预处理、数据存储、数据处理与分析、数据展示、数据可视化、数据应用等多个环节，其中数据质量贯穿于整个流程，一般来说，大数据处理主要包括如下几个步骤。

（1）数据收集（data acquisition）：包括从各种数据源获取所需的数据，其中不仅有电子数据，也包括传统的各种数据媒介，比如报刊、图书等。

（2）数据清洗（data cleaning）：发现并纠正数据文件中可识别的错误，主要包括检查数据一致性，处理无效值和缺失值等，其中数据的"一致性检查"（consistency check），是指根据每个变量的合理取值范围和相互关系，检查数据是否合乎要求，发现超出正常范围、逻辑上不合理或者相互矛盾的数据。

（3）数据处理（data processing）：从大量的、可能是杂乱无章的、难以理解的数据中，抽取并推导出对于某些特定的人们来说是有价值、有意义的数据，包括建立数据模型、数据分析与管理、数据的存储等。

（4）数据可视化（data visualization）：主要旨在借助于图形化手段，清晰有效地传达与沟通信息，与信息图形、信息可视化、科学可视化以及统计图形密切相关。

今天，大数据已经对于人类社会产生了全方位的重大影响，在政治、经济、科学、教育等诸多领域都可以看到它的身影，由于各种电子设备的普及，几乎所有数据的都可以被采集与处理，个体乃至群体的行为模式不仅具有更强的可识别性和可预测性，同时也具有了更多的可塑性，一般来说，大数据应用可分为以下三个阶段。

第一阶段：决策辅助。对于机构而言，各种决策行为都依赖于数据调研，在过去，这种调研往往需要高昂的运作成本和极大的动员能力，但大数据的出现使这一切变得轻而易举，借助人们使用电子产品和网络所留下的活动痕迹，就可以很容易地对其个体偏好、行为模式、政治倾向等作出判断，从而为各种决策提供辅助。对于个体而言，大数据能够提高其行为的预见性和有效性，比如导航软件，不仅可以指明路线，同时能实时地反馈路况信息，有效地避开拥堵路段。

第二阶段：创造价值。当数据形成一定规模之后，就能从相关性分析中获取有价值的信息，这些信息对于政府和商业机构都非常重要，比如保险公司可以根据用户的行为记录，从而更加有效地判断出用户潜藏的风险，从而适当地调整保费来获取更高的收益。因此，对数据的再利用、重组、扩展等，都可以让数据本身创造出新的价值。

第三阶段：行为塑造。当人们越来越依赖于电子产品时，他们在产生数据的同时，也会受到数据的影响，进而发生行为和价值观的改变，比如旅游网站或者应用，能够根据用户过往的行为，有针对性地推送相关的其他商品广告，通过视频、图片、文字等多种方式，让用户在潜移默化中接受它们的商品。

5.2　定性与定量

5.2.1　科学的范式

"范式"（paradigm）一词源自希腊语：paradeigma，意为模范、模型。在《蒂迈欧篇》里，柏拉图曾把形式称为范式，用来描述一种获取"知识"的方法，而那些具有神性的工匠就是凭借范式构建了感觉世界，到了《国家篇》中柏拉图则将范式看作具有相似特征的特殊对象，比如理想国，就可以看作建立在天国里的范式，而到柏拉图的学生那里，亚里士多德则在《形而上学》一书中把范式视为所有事物基础的实体。

进入 20 世纪，科学哲学家库恩在其经典著作《科学革命的结构》中指出，所谓"范式"，就是一个共同体成员所共享的信仰、价值、技术等的集合，是常规科学所依赖运作的理论基础和实践规范，是某一类科学研究者集体共同遵守的世界观和行为方式。库恩是一位科学史家，他试图把科学史、科学社会学、科学心理学等结合起来，对科学发展规律作综合考察，因为对科学史的重视不足，会使实证主义者得到的是一种关于科学事业的不准确和幼稚的图景，尤其当现存的科学思想受到新思想的冲击并被彻底取代的剧变时期，即科学革命发生时，往往会导致科学世界观的根本改变，对此他列举了科学史上几个赫赫有名的例子，如天文学中的哥白尼革命、物理学中的爱因斯坦革命以及生物学中的达尔文革命等，它们都有一个共同的特征，即每一次革命都导致了一系列现存的思想，被另一些完全不同的思想所推翻。

但是，这种革命不总是发生，大多数时候科学都处于一种非革命状态，库恩称之为"常规科学"（normal science），以此来描述没有身处革命时期的科学家的日常工作，此时这些科学家及其团体就通过范式来指导其研究活动。库恩把科学发展过程分为前范式、常规、反常与危机、革命 4 个阶段，他强调在这 4 个阶段中，前范式、反常与危机两个阶段并不构成科学史的主流，不能成为科学史的显著特征，而正是科学家致力于解答各种问题时的常规科学，才是科学史应当关注的重点，是科学成熟的标志，因为此时科学家已经获得某种共同的信念，他们默认了科学研究前提的正确性，并在其指导下成为沉默的研究者。因此，从科学史的角度来看，人们更关注如何使理论与实验结果趋向一致与吻合，在这种情况下，常规科学研究活动被分为理论研究和搜集事实两部分，同时搜集事实又被分成三类：判定重大事实、理论和事实相匹配、用事实说明理论。所以常规科学的基本特征就是积累和继承，是在范式支配下解决难题的活动，对此《牛津通识读本：科学哲学》如此描述道：

常规科学准确地讲包括什么呢？按照库恩的观点，常规科学主要是一种解惑的活动。无论一个范式多么成功，它都将遇到特定的困难——那些它无法涵盖的现象、理论预见和实验事实之间的龃龉等。常规科学家的工作就是试图消除这些较小的困惑，同时使得对范式的改变尽可能少。所以常规科学是一种相当保守的活动——它的研究人员不是试图作出任何惊天动地的发现，而仅仅是要发展和扩充既存的范式。用库恩的话说，"常规科学并不试图去发现新奇的事实或发明新理论，成功的常规科学研究并不会发现新东西"。最重要的是，库恩强调常规科学家并不试图检验范式。相反，他们不加疑问地接受范式，并在范式所设定的范围内开展研究。如果一位常规科学家得到了一个有悖于范式的实验结果，她通常会假定实验方法有误，而不认为是范式错了。范式本身是不可商榷的。

范式是库恩对常规科学进行解释的核心概念，它由两个部分组成：第一，它

是某一科学共同体的所有成员在某一特定时期内，所能接受的一系列基本的理论
假设；第二，由上述理论假设已经解决的一系列"范例"或者特定问题。但是，
范式不只是一个理论，当科学家们共用一个范式时，他们不仅赞同特定的科学命
题，同时在各自所属领域的未来科学研究应该如何推进、哪些是相关的需要解决
的问题、解决那些问题的恰当方法是什么、那些问题的可接受解决办法应该如何
等问题上，都取得了一致意见。因此，范式包括了一系列共享的假设、信念和价
值观，从而把认同该范式的所有科学家联结起来，形成了一个科学共同体，直到
反常阶段的出现。

　　库恩认为一个范式的成功，最初是因为能够在被选取的和仍不完善的实例中
发现成功的希望，换言之，对于未来的活动和未来的判断来说，范式只是先例
（precedent），而非定因（determinant），因此在常规科学阶段，人们更多的是阐
释范式，并根据观察结果对范式作出修正，充实细节，并扩大它的适用范围，可
是与范式相反的现象会逐渐地出现，当它们数量很少时，人们甚至会忽视实验的
过程，但是随着时间的推移，反常愈积愈多，当一个范式不能解决积累的突出问
题时，人们的信心会开始动摇直至瓦解，常规科学的进程开始停滞，从而进入库
恩所说的"科学的革命"阶段。

　　此时，旧的范式开始遭到批判，原有的科学共同体出现裂痕，各种新的范式
被提出来以作为替代，在不断的竞争中，最后会有一种新的范式获得普遍的认可，
而随着新范式的确立，标志着科学革命又一次的完成，回顾科学史，从托勒密的
地心说到哥白尼的日心说，从牛顿的经典力学到爱因斯坦的相对论，都可以看到
这种变化的过程，因此，"科学革命的本质就是从旧的范式转向一种新的范式"，
而且这种转变是根本性的，以致新旧范式之间不可通约，而这一过程也被称作"范
式转换"（paradigm shift）。

　　库恩哲学的确立标志着西方科学哲学中历史主义学派的兴起，可让库恩的理
论引起轰动不在于其对于科学研究的洞察，而在于他提出的一些哲学命题。通常
人们会认为新的科学理论都是建立在客观证据的基础之上，可库恩认为情况并不
总是这样，有时科学家接受一种新的范式是出于信念而非事实，"从信奉一个范式
到信奉另一个范式，这是一种不受强迫的转变经历"，进一步地，库恩认为规范科
学依赖于共识，而非逻辑强制。所谓"规范科学"，是"指稳固的建立在一种或多
种过去的科学成就基础之上进行的研究，这些成就在一段时间内受到某个特定科

学共同体的认可，认为它们能够为共同体提供进一步实践的基础"。

库恩的这个观点引发了巨大的争议，这意味着科学研究工作并非完全的理性，有时也是来自同行的压力，尤其是一种范式得到了强有力的倡导者的拥护时，就更有可能获得广泛的认可，因此库恩坚持认为，科学的革命必须在科学团体的心理学层面得到理解，而不是出于纯粹的逻辑考虑，批评者对此回应道，按照库恩的观点，科学理论的选择就变成了"群众心理学"，可不得不承认的是，无论何种规范科学，其形式都是对并未完全了解的世界的特征进行研究，所以范式的选择不是也不可能是纯粹的逻辑思考所能决定的，比如对于科学的"累积性"，库恩就以爱因斯坦的相对论为例，它在某些方面与亚里士多德而不是牛顿的理论更为相似，以此来说明这种直觉不仅是历史的不准确，而且又是哲学的幼稚。

库恩进一步论述道，人们认为独立的数据能够证实或证否科学的假设，可是这种独立的数据却不存在，因为要将研究活动与独立数据分离开来是异常困难的。数据是活动的产品，是科学文化的人造物，人们会首先假定科学实践的正确性，并围绕该项决定来决定什么才能算作数据，规范科学很大程度上是创造了一个世界，然后自行证实，因而在这个世界里，它就是真实的，"科学知识与语言同类，从本质上来说，它们要么是群体的共同财产，要么什么都不是"，因此，经验不单单能够毫无困难地表述得与预设和实践相一致，而且还能够构造得如此一致，因为信念就是个体的自我建构。

理性是科学研究领域的基石，理性主义的科学解释将知识的增长视为个体理性行为的产物，所有的科学研究都是基于科学家理性的推动，从而使科学知识能与其描述的现实趋向一致，因此一旦个体失去了理性，进步就会受到威胁，就会向意识形态或者宗教信条靠拢，但库恩却指出这不过是人类自设的迷思，知识就其本性来说，是一项集体创造，它建立在社会情境之中，依照着先例和习惯，科学理性因而不再具有完全的中立性和客观性，而必须被视为一种浸透着传统的活动。

5.2.2　两种传承

在计算机语言中对于现实世界的描述通常有两种方式：一种是字符型变量集，以描述事物的性质，比如颜色、性别等；另一种是数值型变量集，以描述事物的数量，如长短、时间等，因此，即便某个事物全部由数字构成，但并不表示事物的数量关系时，会依然选择使用字符型变量来描述，比如电话号码、座位号等。这两种变量结合逻辑判断，它可以实现对于现实世界的动态模拟过程，比如 BMI（Body Mass Index，身体质量指数）是国际上常用的衡量人体胖瘦程度以及是否健康的一个标准，它的计算方法与性别、身高和体重有关，其中性别是字符型变量，身高和体重是数值型变量，因此在得知某人的性别、身高和体重之后，就可以计算出标准体重，只要标准体重在正负 10%以内就是正常，否则就是偏胖或者偏瘦。

　　对应现实世界的不同描述方式，在科学研究尤其是社会科学的研究中，也存在着两种不同的传承（cultures）：定性研究（qualitative research）和定量研究（quantitative research），这两种方法并不都优于对方，而是根据研究内容及其目标的不同而有所侧重，对于某些复杂项目，有时会采用定性与定量技术相结合的混合方法。范式是科学研究的基础，在这两种不同的传承中存在不同的研究范式，其中实证主义范式强调所谓的定量研究方法，建构主义范式则主张定性研究方法，它们各自的主张者常被简写为 QUANs（定量论者）和 QUALs（定性论者）。

　　实证主义（positivism）的创始人是奥古斯特·孔德（Auguste Comte），他同时也是现代社会学的鼻祖，从 1830 年开始，孔德陆续出版了 6 卷本的《实证哲学教程》，从而标志着实证主义的形成。从伽利略时代开始，人们通过观测、分析和计算来获知世界的真实图景，各种发现和成就不断涌现，让人们产生了一种"科学万能"的幻觉，而实证主义就是在这种氛围中发展起来的，它摒弃了一切"形而上学"的争论，而认为存在着一个客观、实在、唯一的世界，一切科学知识必须建立在来自观察和实验的经验事实基础上，进而去发现其中的规律，所以科学只描述经验现象，而不能说明原因。

　　实证主义虽然促进了科学的发展，但也有它的局限性，首先，实证主义只相信证实的东西，如此一来，对于那些没有证实或者无法证实的事物，实证主义往往就会导致怀疑论；其次，实证主义认为一切科学，包括社会学都是客观的，但人作为一种复杂对象，会使与其有关的现象呈现出某种复合特征，在这种情况下，理解就替代了实验和计算，成为了人们理解现实的重要手段和方法。

　　作为实证主义的修正，后实证主义（postpositivism）被提了出来，如哲学家卡尔·波普尔（Karl Popper）就主张一种理论是否为科学，关键在于能不能被"否证"，与实证主义不同，后实证主义赞同如下的原则：

（1）价值渗透（value-ladenness）：科学研究受到研究者价值观的影响，而非独立于研究者的客观存在。

（2）理论渗透（theory-ladenness）：研究受到研究者使用的理论、假设或框架的影响。

后实证主义认为人们对于现实的理解是建构的，这与实证主义截然不同，因而也有学者将后实证主义归类为建构主义。与实证主义将知识视为客观的实在不同，建构主义（constructivism）强调参与者的主动性，认为学习是学习者基于原有的知识经验生成意义、建构理解的过程，而这一过程常常是在社会文化互动中完成的，因而认知主体与客体之间是不可分割的，同时受到主体的价值观所制约，在这种情况下，不存在能够超越时间和情境的通则化知识，此外，与实证主义强调从一般到特殊推论的演绎逻辑相比，建构主义则强调从特殊到一般的归纳推理。

区分定量研究和定性研究的一个常用方法是关注样本量，而对于个案的处理就成为区分二者的一个显著标准，尽管小样本通常与定性研究相关联，但不能以此作为界定的标准，而是要看是否为个案内分析，这被视为定性研究的核心特性，因为定量研究所采用的统计方法，几乎都是跨个案分析的。

定量和定性研究在因果模型上也存在着不同，哲学家大卫·休谟（David Hume）将"原因"定义为一个物象随后的另一个物象，即"凡是和后者相似的一切物象都必然伴随着和前者相似的物象（定义 1），或者，如果第一个物象不存在，第二个物象将永远不会存在（定义 2）"。在定量研究中，定义 1 被修正为第一个事件出现之后，其跟随的第二个事件出现概率很高，则可将第一个事件视为第二个事件的原因，显然在定量研究中，对于事件 X 和 Y，$X=1$ 与 $Y=1$ 是对大量数据进行汇总后的结果，具有统计学意义上的相关性；当相关系数为 1.00 时，那么除了 $X=1$，$Y=1$ 之外，还隐含着 $X=0$，$Y=0$ 也成立。在定性研究中，对于"若 $X=1$，则 $Y=1$"，定义 1 就反映 X 与 Y 之间存在着充分性的逻辑关系，但与定量研究不同，它不会隐含地假设 $X=0$ 与 $Y=0$ 之间也存在着联系，也就是说无法判定"若 $X=0$，则 $Y=0$ 或 $Y=1$"。

同时，在原因与结果之间的推定方式上二者也存在着不同，在定性研究的传统中，有关充要条件的思想处于核心的位置，并被隐含地用于形成众多研究假设，人们在探究原因与结果的方法上，一种方式是由一个结果，回溯其诸多的成因，这被称为"先果后因"的方法（causes-of-effects approach）；另一种方式则反向行之，从一个潜在的原因出发，然后去追问其对于结果的影响，这被称为"先因后果"的方法（effects-of-causes approach）。比如追问全球变暖的原因，这是一个先果后因的问题，而探究碳排放对于全球变暖的影响，则是先因后果的问题。这种追问方式的不同被大量地应用在社会学，因为定性研究更着眼于从整体上理解和诠释被研究对象，关注不同的人如何理解各自生活的意义，定量研究则通过对社会事实的测量和计算，从中发现规律性的事物，然后发现被研究对象的因果关系，因而更关注个别变量和因子的作用与影响。定性方法和定量方法相结合的不同场景如图 5-3 所示。

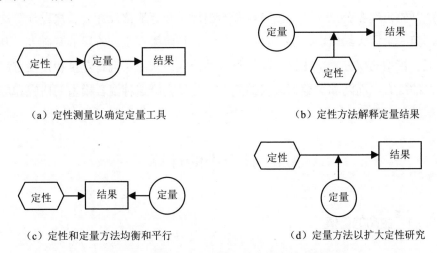

（a）定性测量以确定定量工具　　　　　　（b）定性方法解释定量结果

（c）定性和定量方法均衡和平行　　　　　　（d）定量方法以扩大定性研究

图 5-3　定性方法和定量方法相结合的不同场景

由于定量分析与定性分析各有侧重，因此单一的方法设计可能会存在缺陷，同时缺陷的多样化使得人们不再在不同的范式之间来回地纠缠，同时认为定量方法与定性方法是可以彼此相容的，因而能够在研究中同时使用这两种方法，即混合方法论（mixed methodology）。混合方法论以问题为导向，主要通过如下几种方式来进行研究的设计：

（1）同等地位设计（equivalent status design）：其中包括了顺序设计（定量/定性和定性/定量），平行/共时设计（定量+定性和定性+定量）。

（2）主次设计（dominant-less dominant design）：顺序设计（定性为主/定量为次，定量为主/定性为次），平行/共时设计（定性为主+定量为次，定量为主+定性为次）。

混合方法论包含了 5 个主要目的：第一是三角测量，即寻求研究结果的聚合；第二是补充，即检验某一现象的相同方面和不同方面；第三是创造，即发现谬误、悖论、矛盾或新视角；第四是推进，即依次使用不同的方法；第五是扩展，即采用混合方法，扩大某一项目的广度和范围。相比单一的方法，混合方法论更为复杂，以下是针对一个生育健康问题所进行的跨国研究，其中就将定量和定性方法进行了结合。

从 19 世纪社会科学兴起至今，有关定性与定量的研究方法大致经历了三个阶段：第一阶段大约从 19 世纪到 20 世纪 50 年代，该阶段以单一方法为主，采用纯粹的定量或者定性取向；第二阶段大约从 20 世纪 60 年代到 20 世纪 80 年代，混合方法开始出现在公众视野，该阶段开始出现了同等地位设计、主次设计等混合方法；第三阶段大约出现在 20 世纪 90 年代，该阶段在上一阶段的基础上，开始探讨混合模型的研究，试图提出新的混合性范式，从而实现将定量和定性方法进行更好的综合，而随着大数据时代的到来，必然会给这种混合模型的研究和应用带来新的挑战和机遇。

5.3　社会中的计算

5.3.1　生命的价值

生命无价，无法用金钱来进行衡量，无论古今中外，对于侵害生命的行为都有着严厉的民俗法规来进行约束和惩处。在中国有句俗语叫作"杀人偿命，欠债还钱"，这句话可追溯到夏朝的法律禹刑，《左传》中曾引用《夏书》："昏、墨、贼，杀，皋陶之刑也。"但也有例外，在对《尚书》的解释性著作《尚书大传》中就有："老弱不受刑，故老而受刑谓之悖，弱者受刑谓之克。"体现了中国传统文化中"矜老恤幼"的思想。

进入现代，虽然对于部分特殊群体的暴力犯罪仍有免责条款，比如对于精神病人可不追究其刑事责任，但通常也要承担相应的民事责任，如赔款等，那么对于"人命"，这个赔偿的数额是如何计算出来的呢？在许多国家的法律中，对于造成他人伤害并致人死亡的，若获得受害人的谅解并进行民事赔偿，则可减轻刑事处罚，赔偿金包括丧葬费、被扶养人生活费、死亡补偿金、精神损害抚慰金等，其中死亡补偿金通常以受诉法院所在地上一年度城镇居民人均可支配收入，或者农村居民人均纯收入标准为基数，来计算赔偿金额。

可随着社会结构的日益复杂化，许多侵害行为越来越具有延迟性和隐蔽性，比如产品设计缺陷、食品安全等，它们虽然不以直接和暴力的方式，但依然会给人们的生命带来潜在或者实际的侵害，在这种情况下，某种量化的处理方式既能有效地惩处这些行为，以避免更多类似情况的发生，同时也能更好地维持社会的公平与正义。

生命的价值是无法直接进行计算的，早期人们曾尝试通过损失来衡量，也就是如果一个人死亡了，会造成多大的损失，那么这个就是其生命的价值，这种方式被称为"未来收入折现法"。比如对于因车祸而导致的意外死亡，可以根据法定的退休年龄、全国平均年收入等数据，来计算未来的"折现"价值。但这种方式存在着一些明显的不足，比如交通意外导致了两个人的死亡，一个有 3 个孩子，另一个没有孩子，显然两者对于家庭和社会有着不一样的无形价值。又比如对于死亡所带来的痛苦，在 20 世纪 70 年代，美国国家公路交通安全管理局曾对此武断地估值为 1 万美元，这引起了人们尤其是受害者家属的强烈不满，认为这种定价是对他们失去亲人所造成的二次伤害。正因为无法恰当地量化这样一些无形价值，使得"未来收入折现法"备受批评。

"成本效益分析"（Cost Benefit Analysis，CBA）是一种通过比较成本与收益来评估价值的方法，主要应用在项目领域。基于这个思路，经济学家托马斯·谢林（Thomas Schelling）提出了"价值意愿法"（willingness to pay），它通过问卷调查的方式，获得人们为降低生命风险而愿意支付的金额，从而计算出生命的价值，与这种方法类似的另一种方法为"意愿调查价值评估法"（Contingent Valuation Method，CVM），其被广泛应用于公共事业领域，因为公共物品具有非排他性和非竞争性的特点，在现实的市场中无法给出价格，所以可以通过问卷调查的方式来进行定价。

比如，随着交通工具的普及，交通死亡率逐年递增，导致这种情况的原因有许多，其中与道路基础建设较差、夜晚照明不到位等因素也存在关联。现假定某地为了改善本地区的交通状况，降低交通所导致的意外死亡率，为此需要人们通过某些方式（如捐款等）缴纳一定的金额，从而把每年交通死亡人数从过去的 10 人/年，降低到 6 人/年，为此人们愿意多缴纳多少钱呢？经过调查发现，在整个地区的 10 万人中，人们愿意为此缴纳的金额平均为每人 10 元，那么就可以计算出在这个地区人的生命价值：

$$10 \div [(10-6) \div 100000] = 250000$$

也就是说在这个地区人的生命价值为 25 万元，其计算过程可描述为：

生命价值=为了降低死亡风险而愿意负担的成本/降低的死亡风险

这种方式虽然简单易行，但存在着较大的偏差，因为面对公开的问询，人们往往会高估自己对于公共事务的投入，毕竟有意愿付出并不等于实际的付出，一旦真正落实到钱包，人们可能就不如自己想象中的那么慷慨了。

于是人们又提出了"劳动力市场评估法"，这种方法认为工作或多或少都有一些风险，对于风险较高的工作，人们自然会期望更高的回报来作为补偿，假设这个风险率为 P，那么一份工作的期望工资就可以表述如下：

期望的工资=正常工作报酬$\times(1-P)$+死亡补贴$\times P$

当 P 为 0 时，表示这个工作没有风险；当 $P=1$ 时，表示这个工作必然会死，比如替人顶罪偿命，此时期望的工资就变成了一次性的死亡补贴。在这个基础上，两位经济学家理查德·塞勒（Richard Thaler）和谢尔文·罗森（Sherwin Rosen）通过核算每个行业的死亡风险，以及美国各行业的平均工资，最后得出结论：1967 年，一条生命的平均价值为 20 万美元，这种通过量化得出的生命价值，也被称为"生命统计价值"（value of statistical life）。

可让人万万没想到的是，本来人们试图通过"成本效益分析"来保护生命，以促进社会更大的善，结果这种方法却反被商业机构滥用，他们以此作为成本核算的依据，对照"20 万美元一条生命"的统计价值基准，如果偷工减料和以次充好能带来更多的经济利益，他们就不惜以人的生命威胁作为代价，如此一来，生命反而遭到了漠视甚至践踏，比如 20 世纪 70 年代轰动一时的福特"平托（pinto）"汽车风波。

20 世纪 60 年代，随着日本汽车工业的迅速崛起，对美国汽车制造商形成了巨大威胁，为了抢占市场和降低成本，一些产品在未经严格测试的情况下，就被仓促地投向了市场，比如福特公司的平托车，其油箱设计存在着巨大缺陷，导致该车在发生追尾事故时，极易引发漏油并爆炸。根据后来被曝光的内部文件显示，早在该事件成为公众关注的焦点之前，福特公司就通过"成本效益分析"方法对其进行了核算，改进每辆车需要增加 11 美元的成本，而在每起事故中，致人死亡的赔偿金额是 20 万美元，烧伤是 6.7 万美元，按照当时平托车的销量和事故伤亡数，福特公司最后发现不对车辆进行改造所带来的经济收益反而更大！在这种情况下，福特公司选择拒绝承认产品的设计缺陷，并且不对平托车进行召回，而宁可为此支付高额的赔偿金。

但是，平托车风波最后还是以消费者获胜而告终，当其中一名遭受严重烧伤的车主发起诉讼之后，虽然福特公司进行了百般辩护，法院最终还是裁定福特公司在平托车的设计与生产过程中存在着纵容不安全的行为，理应对受害者作出巨额赔偿（250 万美元，是核算的"生命价值"的 12.5 倍），并同时处以 350 万美元的惩罚性赔偿，以警示和制止其他公司的仿效行为，而在公众压力下，福特公司最后还是对该车进行了召回处理。

"成本效益分析"方法的影响是极其深远的，因为随着社会联系的日益紧密，现代社会的结构也日趋复杂，其中公共物品的特殊性使其与社会的公平正义息息相关，因此在制定相关政策时，必须有更详实的数据作为支撑，以维持成本和收益的相对平衡，确保公共物品具有更好的可持续性与发展性。

5.3.2 表决的悖论

生活中每时每刻都存在着各种选择，当备选项不止一个时，人们就必须通过某种方式来进行表决，这种表决不仅存在于个体自身，比如购物时面对多个心仪商品时的纠结，也存在于群体之中，比如结伴出游的目的地选择、公司商业决策、公共事务中的代表大会等；同时，这种表决可以是显性的，比如公开进行的各种排名，也可以是隐性的，比如人们常说的"用脚投票"，它是个体自发选择所形成的群体效应。

对于群体表决而言，其结果是个人选择的聚合信息，并依赖于预设的规则，这个规则可以是单一的，比如 100 米赛跑，第一个冲过终点的就是获胜者；也可以是复合的，比如大学排名，它同时与学术、就业、校友等多个因素相关。尽管在部分场合中允许出现排名相同的情况，但在绝大多数场合中，往往需要排出个先后次序。

在所有这些需要表决的场合中，如何从多方的不同冲突意见中，产生一个能反映多数人选择的单一排名，这成为表决系统的关键问题，比如各类评奖、竞选等。假定对于一个投票人 i 而言，面对一对备选项 (X, Y)，他更偏向于 X，则表述为：

$$X_i > Y_i$$

　　例如在蓝莓、橙子和樱桃之间，某人 i 的偏好依次为橙子、蓝莓、樱桃，那么就可以将其偏好描述为：橙子$_i$ > 蓝莓$_i$ > 樱桃$_i$。在表决系统中，通常有两个前提，第一个是完备（complete），即对于一组备选项，每个表决人必然有一个偏好次序，而不能同等偏好，比如在一个差额竞选中，对于多个候选人，每个人必须按照规则选择其中一位或多位，并同时给出排名；第二个是传递（transivity），即如果存在：$X_i > Y_i$ 且 $Y_i > Z_i$，就一定有 $X_i > Z_i$，表决的这个"传递性"有着非常重要的意义，否则就会出现选择困难甚至无法作出选择。比如买鞋时面对心仪的 3 个款式 A、B、C，如果不存在传递性，即当 $A > B$ 且 $B > C$ 时，却发现 $C > A$（而不是按照传递性的 $A>C$），就会发现不管对于哪一个款式，总会有一款比它更好，在这种情况下就会导致无从选择。可是，在群体决策中，即便满足完备且传递的前提条件，却仍有可能出现结果不一致的情况，此即"孔多塞悖论"。

　　"孔多塞悖论"又称为"投票悖论"，它是由法国政治哲学家马奎斯·孔多塞（Marquis de Condorcet）提出来的。在一个表决系统中，"少数服从多数"是一个自然规则，在群体决策中，为了更好地施行这个规则，通常会设置参与表决的人数为单数，这样一来，只要每个人的选择是完备的（即存在偏好排名），就可以通过简单的计数来获取群体偏好，比如两个候选人 A 和 B，如果计票发现 A 的选票更多（因为投票人是奇数），那么 A 就是群体的偏好。

　　可是，在完备性的基础上，个体偏好的传递性有时却无法形成一致的群体偏好，比如对于 3 个人甲、乙、丙，以及 3 个备选项 X、Y、Z，有如下的表决结果：

　　对于甲，其表决结果为：　　$X_甲 > Y_甲 > Z_甲$；

　　对于乙，其表决结果为：　　$Y_乙 > Z_乙 > X_乙$；

　　对于丙，其表决结果为：　　$Z_丙 > X_丙 > Y_丙$。

　　如果应用"少数服从多数"规则，那么在 3 个表决人中，对于 X 和 Y，由于甲和丙都更偏好 X，因此会得到 $X > Y$；同理，还会得到 $Y > Z$，以及 $Z > X$，而这就违反了传递性，因为按照传递性的要求，如果 $X>Y$ 且 $Y>Z$，就有 $X>Z$。

　　因此"孔多塞悖论"所阐述的，就是在每个表决人满足完备且传递的前提条件下，所作出的群体抉择有时会出现自相矛盾。"孔多塞悖论"现象大量存在于生活当中，比如一位学生在收到大学录取通知书后，他想基于下述 3 个条件来作出选择：学校排名、班级规模和奖学金的额度。其中排名越靠前越好，班级规模越小越好，奖学金的额度越高越好，最后他通过收集信息得到表 5-2。

表 5-2 "孔多塞悖论"的一个例子

大学	学校排名	班级规模	奖学金
A	4	40	3000
B	8	18	1000
C	12	24	8000

此时，这位学生会发现自己无法做出选择，因为按照学校排名，他应该选择 A；按照班级排名，他应该选择 B；按照奖学金额度，他应该选择 C。面对这个困境，他有两个处理办法：策略议程设置和波达计数法。

所谓"策略议程设置"，是指在面对多个选项时，按照某种策略选出两个备选项进行 PK，然后将胜出者再与下一轮设置的备选项进行 PK，直至得出最后的表决结果，其中有两种主要形式（图 5-4）。在图 5-4（a）中，每轮选出来两个备选项进行 PK，然后将胜出者 W_1 与下一轮选出的备选项再进行 PK，胜出者再进入下一轮 PK，直至所有备选项都经过了表决；在图 5-4（b）中，当备选项超过 3 项时，它首先进行分组两两进行 PK，其胜出者为 W_1、W_2，然后分组表决，在每一轮次中尽可能地表决最多的备选项，如果有备选项轮空，就可以按照预设议程在后续轮次进行表决，直至所有备选项都经过表决。

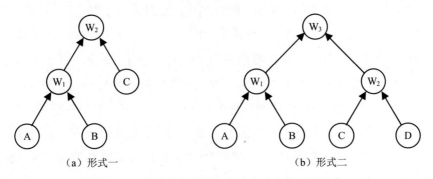

（a）形式一   （b）形式二

图 5-4 "策略议程设置"表决方式中的不同形式

"策略议程设置"能够避免"孔多塞悖论"的出现，但议程的设置方式却会导致不同的表决结果，在上述择校的例子中，假定先比较大学 A 和 B，那么大学

A 会胜出，因为它在学校排名和奖学金都优于大学 B，然后将大学 A 与大学 C 比较，大学 C 在班级规模和奖学金两项上超过了大学 A，因而大学 C 会是最终选择。可如果调整议程，首先比较大学 B 和大学 C，由于大学 B 在学校排名和班级规模上都占优，因而大学 B 胜出，此时再将大学 B 与大学 A 比较，大学 A 又成为了最终的表决胜出者；同样地，如果先比较大学 A 和大学 C，然后胜出者再与大学 B 比较，那么大学 B 又会成为最终的表决胜出者。由此可以发现，"策略议程设置"的表决结果与实施的过程存在着关联。

除了"策略议程设置"，另一种经常采用的表决方式就是"波达计数法"，18 世纪让-查理斯·波达（Jean-Charles de Borda）曾提出用此方法来选举法国科学院，因此人们用其名字来命名这个表决方法。在"波达计数法"中，假定有 n 个备选项，对于任一投票，将排在第一位的备选项得分计为 $n-1$，排在第二位的得分计为 $n-2$，依次递减，排在最后一位的得分计为 0，然后将所有投票人的计分相加，就得到了关于备选项的一个得分表，并根据总分计算排名，由于这种方式与备选项在投票中位置相关，因而也被称为"位置表决系统"。

相比"少数服从多数"规则，"波达计数法"有时能更确切反映投票人的群体偏好，假设一个有三个候选人 A、B、C 的选举，其投票结果如下：

4 张选票为：A＞B＞C

5 张选票为：A＞C＞B

7 张选票为：C＞B＞A

若按照"少数服从多数"规则，则 A 当选，因为 A 有 9 票第一，C 只有 7 票，而 B 是 0 票；可若按照"波达计数法"，则排名第一计 2 分，第二计 1 分，第三计 0 分，则 A 得到了 18 分，B 得到了 11 分，C 得到了 19 分，结果是 C 当选。分析上述投票就能发现，将 C 排为第一候选的选票将 A 全部排在了最后，而不像将 A 排为第一候选的选票那样具有更多元化的特征（其中有一些将 C 排在了第二），因而可以认为投票给 A 的选民更真诚，因为在现实生活中，面对多个备选项时，人们不大可能具有完全一致的集体偏好，因此投票给 C 的选民可能受到了某种人为的操纵。

此外"波达计数法"还存在着其他弊端，当引入一个无关紧要的"搅局者"之后，可能会使结果反转，还是以投票为例，假设一个针对两位候选人 A 和 B 的投票，其投票结果如下：

　　3 张选票为：A ＞ B

　　2 张选票为：B ＞ A

　　毫无疑问，无论采取"少数服从多数"或者"波达计数法"，此时 A 都是胜出者，可是，如果现在组委会决定引入一个 C，然后投票结果变成如下情况：

　　3 张选票为：A ＞ B ＞ C

　　2 张选票为：B ＞ C ＞ A

　　按照"波达计数法"，此时获胜的就变成了 B（A 的得分为 6，B 的得分为 7），尽管新加入的 C 并没有获得任何有力的支持（其排名第一的得票为 0），但他的出现成功地扰乱了人们的视线，使得表决结果具有了更多的不确定性。此外，当投票结果呈现某种对称性时，"波达计数法"也无法有效地解决表决问题，比如上述的择校例子，按照排名，每个备选项排名第一、第二、第三的各有一次，因而计数得到的分数也相同，此时除非采取另外的办法，比如为备选项设置不同的权重，否则依然无法产生表决结果，在择校的例子中，家境一般的学生可能会认为奖学金更重要，因而选择大学 C；而家境殷实的学生则可能更看重学校排名，于是选择大学 A。

第6章 信息时代与社会

6.1 信息时代

6.1.1 何为时代

"时代"的英文一词 age 源自拉丁文 aetatem，原本是指"生命中的一段时期"（period of life），进而引申为"人类历史上一段漫长但不确定的时期"（long but indefinite period in human history），正是这种"不确定"，使得对于如何划分人类时代，就存在着许多不同的标准，常见的如以材料来划分，则人类历史可被分为石器时代、新石器时代、青铜时代、铁器时代、水泥时代、钢时代、硅时代、新材料时代等。

路易斯·亨利·摩尔根（Lewis Henry Morgan）是著名的民族学家、人类学家。按照摩尔根的观点，"人类是从发展阶梯的底层开始迈步，通过经验知识的缓慢积累，才从蒙昧社会上升到文明社会的"，因而可以按照时间将人类社会划分为蒙昧时代、野蛮时代和文明时代，其所对应的就分别是蒙昧社会、野蛮社会和文明社会，并指出可从四个方面来说明人类从低级阶段向高级阶段发展的历程。第一是发明和发现，叙述了人类的经济和文化的发展，谋取生活资料方式的不断进步；第二是政治观念的发展，阐明了人类的社会组织从氏族制度发展到国家产生；第三是家庭婚姻观念的发展，探讨了家庭婚姻的历史，以及家庭进化的理论；第四是财产观念的发展，阐述了财产的历史，财产从公有发展到私有，私有财产导致了阶级社会的产生。

作为与摩尔根同时代的学者，马克思认为："文明时代乃是社会发展的一个阶段，在这个阶段中，分工与由分工而产生的个人之间的交换，以及把这两个过程结合起来的商品生产，得到了充分的发展，完全改变了先前的整个社会。"这些观点以及其他研究成果，最后由恩格斯汇集整理在《家庭、私有制和国家的起源》

一书中，在该书中指出人类文明的真正起源既不是原始社会，也不是资本主义社会，而是文字的发明和工商业的诞生，"文明时代……是真正的工业和艺术产生的时期"，这个复杂的过程既受到生产、分工、交换、阶级斗争等因素的驱动，又在经济、政治、文化、社会方面显现出其独有的特征，比如货币的出现，家庭制度、土地私有制的发展，统治阶级和被统治阶级的对立，等等。

以家庭制度为例，摩尔根认为家庭模式有五个变化阶段：血婚制、伙婚制、偶婚制、父权制和专偶制。其形态逐渐从低级向高级发展，同时血缘宗亲的关系在社会中的作用也不断削弱，政治制度由此兴起并取而代之，因此一个社会距离血亲制度越远，就越接近文明社会，使得家庭模式、政治体制、人类文明与时代发展之间产生了某种关联。与摩尔根的观点稍有不同，恩格斯将家庭模式的演化分为以下三个阶段。

第一个阶段是群婚制，早期人类受限于原始的生产能力，为了获得更大的生存几率，因而选择了族群而不是家庭的生活方式。在群婚制中，成年雄性之间不存在相互的嫉妒，这是早期人类大型集团能够形成与维持的首要条件，此时男性与女性互为所有，因此孩子只能确定自己的母亲，而无法确定父亲，母亲的血缘也就成为明确家庭关系的唯一纽带，女性因此具有了崇高的地位，并促成了早期母系社会的形成。

第二个阶段是对偶制，随着生产力水平的不断提高，生产关系也随之发生变化，从游猎采集时代到农业时代，男性在体力等方面的生物性优势在生产中的作用日益凸显，当社会出现盈余之后，掌管着生产工具的男性自然地就占有了这部分劳动成果，男女关系开始向前者倾斜，一个男子可以拥有多个妻子，其中一个是主妻，同时他也是这个女子众多丈夫中最为主要的一个，但此时的女性仍拥有较高的社会地位，恩格斯因此评论道：

外表上受尊敬的、脱离一切实际劳动的文明时代的贵妇人，比起野蛮时代辛苦劳动的妇女来，其社会地位是无比低下的，后者在本民族中被看作真正的贵妇人。

第三个阶段是专偶制，即如今的一夫一妻制，这种制度与私有制的产生密切相关，当拥有社会主导地位的男性占有了越来越多的社会财富之后，就出现了遗产继承的问题，因此男性必须确保孩子是亲生的，也就对女性有了忠诚的要求，女性开始对男性妥协，而女性的地位就是在这个过程中逐步丧失的，因此马克思认为专偶制家庭的根源是私有制，对此恩格斯在《家庭、私有制和国家的起源》中有这样的阐述：

母权制被推翻，乃是女性的具有世界历史意义的失败。丈夫在家中也掌握了权柄，而妻子被贬低、被奴役。

英文 family 一词的最初含义并非像如今这般，意蕴着由丈夫、妻子和孩子所组成的一个温馨小群体，这个源自拉丁文 famulus 的单词，其本意是指带有奴隶或仆人的大家庭，而作为从属于男性的女性，其中的奴仆所暗指的对象就不言而喻了——"现代的个体家庭建立在公开的或者隐蔽的妇女的家务奴隶制上"（恩格斯），因此女性的地位与时代的发展之间存在着密切的关联，进入现代，生产方式的转变则为女性的觉醒和独立提供了契机，而这一切都是以女性能摆脱家庭束缚为先决条件的。

妇女解放的第一个先决条件，就是一切女性重新回到公共事业中去。（恩格斯）

因此，由于时代划分标准或衡量尺度存在着多样的不同视角、不同立场和不同的方法论，就必然决定着时代范畴的内涵也千差万别，进而导致各种时代观之间的显著分界，有学者在研究了各类主要观点之后，提出以下划分时代的七大标准。

（1）生产力标准。以生产力及其部内部构成要素发展的阶段性作为划分时代的标准，其中又可具体分为三种情况：其一，以生产力中某一要素的发展为标准来划分时代；其二，以生产力内部各要素结构与地位的发展变化作为划分时代的标准；其三，以生产力总和或总体的发展水平作为划分时代的标准。

（2）生产关系标准。以生产关系或生产的社会关系发展的阶段性作为划分时代的标准，具体又可分为四种情况：其一，以生产资料所有制的变更作为划分时代的标准；其二，以阶级关系和阶级地位的变化作为划分时代的标准；其三，以交换方式发展的不同历史类型作为划分时代的标准；其四，以一定生产关系的总和作为划分时代的标准，比如将人类社会发展划分为"原始社会—奴隶社会—封建社会—资本主义社会—社会主义和共产主义社会"。

（3）产业结构标准。以经济发展中产业部门结构或产业地域结构的变化作为划分时代的标准，一般有三种情况：其一，以各产业部门在国民经济中地位的依次更替作为划分时代的标准；其二，以经济发展过程中主导产业部门（或主导产业群）的更替作为划分社会发展阶段的标准；其三，以经济发展中产业地域结构的变化或经济联系范围的变化作为划分时代的标准。

（4）政治标准。以政治形式、政治关系的发展演变作为划分时代的标准，主要有三种情况：其一，以国家政体形式的变更作为划分时代的标准；其二，以社会阶级（作为政治范畴）政治地位的变迁作为划分时代的标准；其三，以社会权力中心的演变作为划分时代的标准。

（5）意识形态标准。以意识形态的发展、知识文化的进步作为划分时代的标准，主要有两种情况：其一，以人类理智和精神的发展为线索划分社会发展阶段；其二，以人类的语言文化为视点划分社会发展阶段。

（6）文明形态或广义文化标准。文明形态是一个综合性的范畴，以文明形态或广义文化作为划分时代的标准，实际上是从总体上把握人类社会的发展进程，除了前述的摩尔根"三个时代"，还有如斯宾格勒运用其所首倡的"文化形态学"方法，将人类的存在划分为两大时代：原始文化时代和高级文化时代。而只有高级文化时代才有历史可言，同时各种高级文化的发展都会经过 4 个时期：前文化时期、文化早期、文化晚期、文明时期。

（7）社会主体标准。以作为社会主体的人及其本质的发展为线索，来考察人类社会的发展演进并划分历史阶段。比如马克思曾用"异化"一词，将社会发展归结为人的本质发展的三大阶段，即"人的本质肯定—人的本质异化—人的本质复归"。

从上可知，依照不同的时代划分标准，所得出的结论之间也存在着交叉和重叠，以信息时代为例，当遵照生产力标准时，可根据物质三要素及其在技术进步中作用的变化，将社会发展划分为"材料时代—能源时代—信息时代"；当遵照生产关系标准时，可根据德国历史学派希尔德布兰德的理论，把社会发展分为"自然经济—货币经济—信用经济"；当遵照产业结构标准时，可以根据美国未来学家奈斯比特在《大趋势》中的方法，将社会发展划分为"农业社会—工业社会—信息社会"；等等。

可是，在这些众多的划分标准中，总是存在着某种推动历史发展与进步的决定性力量，按照马克思的唯物主义时代观，生产力对人类社会发展具有决定性的作用，同时经济基础决定着上层建筑，因而劳动资料或者说生产工具成为划分人类社会不同时代的一个重要标准，马克思在《资本论》中对此阐述道：

各种经济时代的区别，不在于生产什么，而在于怎样生产，用什么劳动资料生产。劳动资料不仅是人类劳动力发展的测量器，而且是劳动借以进行的社会关系的指示器。机械性的劳动资料（其总和可称为生产的骨骼系统和肌肉系统），比只是充当劳动对象的容器的劳动资料（如管、桶、篮、罐等，其总和一般可称为生产的脉管系统），更能显示一个社会生产时代的具有决定意义的特征。

6.1.2　信息社会

"信息社会"（information society）一词最早是由日本学者梅倬忠夫在 20 世纪 60 年代提出来的，在《信息产业论》一书中他用生物进化来比拟社会的发展，分别从产业发展史、社会发展史、价值论等角度预测了信息技术发展对人类社会的影响，随后日本科技与经济研究会也正式提出了"信息化"的概念：

信息化是向信息产业高度发达且在产业结构中占优势地位的社会——信息社会前进的动态过程，它反映了由可触摸的物质产品起主导作用，向难以捉摸的信息产品起主导作用的根本性转变。

可在梅倬忠夫提出信息化之前，另一个后来被认为涵盖了此概念的词汇就已出现，这个词即"后工业时代"。美国社会学家丹尼尔·贝尔（Daniel Bell）在奥地利萨尔茨堡举行的一次学术讨论会上第一次提出了"后工业社会"（post-industrial society）一词，当时这个概念的提出只是基于对社会产业结构变化的一种观察和认识，目的是要描述"从产品生产的阶段过渡到了服务性社会阶段"这种新的社会阶段，按照贝尔的观点，人类历史可分为三个阶段：前工业社会、工业社会和后工业社会。

前工业社会以土地为核心，其典型形态即农业经济，由于生产力的低下，社会的主要矛盾是人与自然之间的矛盾，物质的生产与资本的积累受到了极大的限制，因此人口出生率一旦超过了生产率，就会引发资源的争夺与再分配，尤其遇到不可抗力的天灾时，战争就会频繁爆发，因此前工业时代的人均产出长期停滞不前。

随着 18 世纪初蒸汽机的发明及其在生产领域的普及应用，人类社会迈入工业时代，能源成为新的核心，自然也从人类的竞争对手变成了被征服的对象，轻工业和重工业的相继出现，使得农业在社会中的权重不断降低，而城镇化的发展、科技的进步以及现代化福利制度的制订，让人们的生存条件大为改善。而当物质生产和需求达到趋向饱和之后，非物质化的需求开始发展起来，一方面生产效率的提高，使得越来越多的人被挤出传统的生产领域，而被迫开辟和进入新的行业；另一方面物质的极大丰富与满足，也使得人们开始追求更多物质以外的其他生活需求，第三产业就此诞生。

所谓第三产业（tertiary industry），是指除农业、工业、建筑业以外的其他行业，它的一个显著特征就是不生产物质的产品，而主要为流通领域、生产和生活、提高科学文化水平和居民素质、社会公共需要等提供服务，因而又称为服务业。第三产业常被拿来衡量一个经济体是否发达的重要标志，因为物质生产需求与人口数量紧密关联，历史上人口规模和经济规模之间存在着高度的正相关关系。随着社会不断进步，如今人口规模和经济规模之间已几乎不存在什么相关性，原因之一就在于像食物、住房、出行等，这些都与自然资源高度相关，因此无论是生产还是需求都存在天然的上限，但服务业却能摆脱这个限制，从而使其在国民经济中的权重越来越高。

因此在 20 世纪 50 年代，发达工业体中悄然出现了一系列不同寻常的变化。首先是产业结构的变化，18 世纪后半期，美国农业人口占 40%以上，而到 19 世纪末农业人口锐减到只有 5%，工业人口超过了农业人口，然后到了 20 世纪 50 年代，从事第三产业的人口则超过了工业人口；同时，与过去作为生产劳动的辅助与补充不同，新型的服务业则全面地出现在社会各个领域，如教育、保健、管理等，并对后工业社会的到来产生了决定性的影响。

其次是国民生产总值的构成发生了重要变化，根据经济合作与发展组织（Organization for Economic Co-operation and Development）1969 年的统计，当时的美国农业生产总值占国民经济生产总值的 3%，工业生产总值占 36.6%，服务业占 60.4%；而同时期的英国，其农业、工业和服务业的生产总值分别占国民经济生产总值的 3.3%、45.7%和 51.0%，所以包括英美在内的许多发达工业体，此时的服务业已经超过农业和工业的产值之和。

然后是专业技术人员比例的变化，美国作为世界上第一个服务型经济的国家，在短短的十几年时间里，其相关专业技术人员出现了几乎成倍的增长，1960 年，美国的工程师和科学家分别只有 80 万和 27.5 万，而到 1975 年就增长到了大约 150

万和 55 万。

最后是科学技术转化的速度发生了重要变化，从实验室到工厂再到市场，周期在不断缩减，电影机从 1832 年发明到 1895 年投产，周期为 63 年；汽车从 1868 年发明到 1895 年投产，周期为 27 年；相比而言飞机从 1897 年发明到 1911 年投产，却只用了 14 年。到了二战以后，随着材料科学与电子技术的发展，这种转化周期更是以惊人的速度在缩减，以太阳能电池为例，从 1953 年发明到 1955 年投产，仅仅只有 2 年。

因此，一些学者从这些蛛丝马迹的变化中敏锐地觉察到即将到来的产业变革，马克卢普（Fritz Machlup）在《美国的知识生产与分配》（*The Production and Distribution of Knowledge in the United States*）中首次提出了"知识产业"这一概念，并称之为第四产业。美国经济学家马克·波拉特（Marc U. Porat）则继承和扩展了马克卢普的研究成果，进一步提出了国民经济"四产业划分法"，将信息产业同传统的农业、工业、服务业并列，称之为"第四产业"，同时把"信息产业"划分为第一信息部门和第二信息部门，第一信息部门是指直接向市场提供信息产品和服务的部门；第二信息部门则是向政府或信息企业内部提供信息生产与服务的部门。

尽管存在着一些不同的模型和方法，但不少学者都认为"后工业社会"能更准确、更全面地概括新时代所出现的各种变革，因为这个词同时涵盖了包括经济领域、职业分布、中轴原理、未来方向和制定决策等五个方面的内容，因而相比"信息社会"一词其含义更为宽泛，美国学者约翰·奈斯比特（John Naisbitt）在他的《大趋势——改变我们生活的十个新走向》（*Megatrends, Ten New Directions Transforming Our Lives*）一书中这样评论丹尼尔·贝尔的"后工业社会"和信息社会之间的关系：

1956 年和 1957 年是一个转折点，是工业时代的结束。有些人对此迷惑不解，不愿意放弃过去，即使是最杰出的思想家也不懂得怎样描绘即将来临的时代。哈佛大学的社会学家丹尼尔·贝尔把它叫作后工业社会，然后这种名称也就叫开了，而每当我们对时代和运动不知道怎么叫才好的时候，我们总是把它们叫作'后'什么或者'新'什么。现在很清楚，后工业社会就是信息社会，而且我在本书中一直这样称呼它。

阿尔文·托夫勒（Alvin Toffler）是一位享誉世界的未来学家和社会学思想家，在他出版的《第三次浪潮》（*The Third Wave*）一书中，认为人类社会在经过农业时代的第一次浪潮，和早期工业文明的第二次浪潮之后，如今正迎来信息化时代的第三次浪潮，它以电子工业、宇航工业、海洋工业、遗传工程等组成了现代化的工业群，同时社会进步不再以技术和物质生活标准，而是以丰富多彩的文化来衡量，鼓励个人的人性发展，而这一个新的社会也已然来到了我们身边，这就是信息社会。

6.2　信 息 科 学

6.2.1　历史与现状

信息科学（information science）出现在 20 世纪 50 年代。1962 年，美国乔治亚工学院赞助了一场科学领域的信息专家培训会，会后结集出版的议文集中附录了一个与会议主题相关的关键术语表，其中对于"信息科学"条目有如下描述：

调查信息的性质和行为的科学，具有控制信息流动的力量，以及处理信息的最佳的可获取和可利用的手段。这种处理包括产生、传播、收集、组织、储存、检索、解释和信息的利用。这个领域源自数学、逻辑、语言学、心理学、计算机技术、运筹学、形象艺术、通信、图书馆科学、管理和某些其他与其相关的领域。

可在此之前，一场轰轰烈烈的信息革命已然吹响了号角。1948 年，香农在《贝尔系统技术杂志》上发表了论文《通信的数学理论》（*A Mathematical Theory of Communication*），全文共 5 章，包含了 23 个定理，其中最为著名的有三个，即：香农第一定理（又称"可变长无失真信源编码定理"）、香农第二定理（又称"有噪声信道编码定理"）和香农第三定理（又称"保失真度准则下的有失真信源编码定理"）。仅从名称就可以看出这篇论文与通信工程之间存在的紧密关联。

作为信息论的开山之作，这篇论文汇集了概率论、数理统计、数理逻辑、运筹学、通信技术、电子技术、自控技术和计算机技术等众多领域的研究成果，香农也因此被世人称为"信息论之父"，并由此开启了人类历史波澜壮阔的信息时代，可对于"信息时代之父"的称号，许多人却认为不是香农，而是另有其人，这个人就是维纳。同样是在 1948 年，维纳出版了《控制论：或关于在动物和机器中控制和通信的科学》一书，其中探讨了动物控制、动物通信、机器控制和机器通信之间的关系，而所有这一切又与信息密不可分，因此控制论实际上就是一门以信息和控制为核心的科学。

与香农不同，维纳的控制论所研究的对象与内容不限于通信领域，而是可以扩展到整个人类社会，借助其中的通信、控制和反馈机制，就能将跨越自然、社会、人文等不同领域的对象联系起来，从控制角度来考察这些系统的共同特征，因此其适用范围就要比彼此分立的系统所得出的结论更具普适性。正因为控制论的这些特点，使其出现在许多其他研究领域，动物方面有遗传信息学、神经信息学、内分泌信息学、免疫信息学等，机器方面有电子信息学、光子信息学、量子信息学等，甚至在通信工程领域维纳也贡献良多，对此香农不由地叹服道："光荣应该属于维纳教授，在这个领域里，他对平稳序列的滤波和预测问题的漂亮解决，对我的思想产生了重大的影响。"

因此，尽管香农的信息论与信息科学关联密切，但因其更多的只局限在通信领域，对于其他领域，如人文、社会、经济、自然科学等，香农的信息论并未产生巨大的影响，因此有人提议将香农信息论称为"狭义信息论"，其主要研究内容就是通信工程领域的信息度量、信道传输、信息编码等内容，而将包括了人文与社会等信息问题的研究称为"广义信息论"，所以现代的信息科学就有两大理论来源，分别是香农的信息论和维纳的控制论，相比而言，后者所产生的影响和作用更为巨大。

总体来说，香农信息论的主要功绩在于引发了许多学科对自身进行信息计量研究的好奇心，然后用信息概念来思考本学科中的信息问题；维纳控制论则扩展了信息概念应用的边界，尤其是其天马行空的思想狂欢，激发了人们用信息概念来思考自己学科的热情，他们两人一位作为工程师，一位作为科学家，共同为人类社会推开了信息时代的大门。

信息科学是以信息作为主要研究对象的各种学科的总称，是一门研究信息的运动规律和运用信息原理对对象进行描述、模拟、处理、控制和利用的横断性、交叉性、综合性学科，它常常与生命科学、材料科学一起，被称为当今世界的三大前沿学科。目前，信息科学已深入各个学科领域，以信息技术为基础的各类信息科学也层出不穷，比如社会信息学、经济信息学、地理信息学、生物信息学、化学信息学等，此处拟按照社会、人文和自然的科学分类方法，对其中部分学科的信息科学发展情况进行扼要的介绍。

信息科学在社会领域中的应用，主要包括了经济学、法学、社会学和政治学等几个学科。在经济学中，目前主要形成了两个分支。第一个分支是经济信息学，它把经济看作一个系统，注重考察信息在这个系统中的传播和处理问题。第二个分支是信息经济学，其中又根据出发点的不同分为两种不同的研究思路，第一种思路是由马克卢普（Fritz Machlup）、波拉特（Marc Porat）等开创的信息经济学，其宗旨是用经济学中的投入产出原理来分析由信息产业所产生的经济效益问题；第二种思路是由马尔萨克（Jacob Marschak）、阿克洛夫（George Akerlof）等所开创，核心是把信息，而不是把信息产业作为一个经济元素，注重考察在信息不对等的情况下，商品的价格是如何依靠信息而不是供需关系或商品的社会劳动价值来决定的。

信息科学在人文领域的应用，主要包括了哲学、心理学、语言学、传播学、新闻学、历史学、教育学、艺术学等几个学科。在心理学中，从冯特（Wilhelm Wundt）的构造心理学开始，人们就一直为心理学的研究对象争论不休，这种状况一直延续到 20 世纪 70 年代。1969 年，诺曼（Donald Norman）在他的博士论文《记忆与注意：人类信息处理导论》（*Memory and Attention: An Introduction to Human Information Processing*）中，首次系统地尝试了用信息的观点来解释记忆与注意这两个传统的心理学问题，6 年之后，他又和林赛（Peter H. Lindsay）共同完成了心理学著作《人的信息加工：心理学概论》（*Human Information Processing: An Introduction to Psychology*），从而开创了"用信息概念系统地改造传统心理学"的新思维。其后，认知心理学、认知神经科学，以及认知科学这些新的信息关系紧密的学科，也都以充满信息色彩的特征占据心理学的一席之地，而从西蒙（Herbert Alexander Simon）等提倡的以物理符号系统假设为基础的认知心理学角度来说，思维的本质就是一个人类信息加工或处理过程，不仅传统的记忆与注意，就连感觉、知觉、思维等，都开始不同程度上尝试用信息的概念来加以阐释。

在传播学中，通常的传播学研究模式是由传播者、信息（内容）、媒介（渠道）、受传者、效果等五个部分组成的，信息研究是传播学的问题之一，而按照现代传播学的一些观点，传播学实际上是"一门专门研究人类信息传播现象和传播行为及其规律的新兴学科"，美国传播学家鲁本（Brenda D. Ruben）从 1985 年开始就着手编纂一个系列出版物《信息和行为》（*Information and Behavior*），集中反映了传播学家对信息问题的关注和看法，视角新颖。在传播学的世界名著中，由李特约翰（Stephen W. LittleJohn）撰写的、且已出版到第 10 版的《人类传播理论》（*Human Communication Theory*），也是传播学中信息观的典范。

信息科学在自然领域的应用，主要包括了物理学、化学、医药学、地理学等几个学科。在物理学中，"熵"的引入让二者有了无法撇清的关系，而在费曼（Richard Feynman）于 1983 年提出"量子信息"这一概念之后，量子物理学和信息科学结合而产生的量子信息学，已变成物理学和信息技术的前沿话题，著名天体物理学家惠勒（John A. Wheeler）甚至提出"万物源于比特"，试图表明物理学与信息科学之间的密切关联。

在地理学中，问世于 1992 年的"地理信息学"也是基于计算机技术、通信技术和互联网技术在地理学实践中的应用而建立起来的，并聚焦于虚拟空间、赛博空间和网络空间方面的研究，未来全球定位系统、遥感和空间分析也会在地理学中得到更为广泛的应用。虽然进行地理信息学研究的学者已经认识到信息学对学科整体发展所起到的作用，但很难把这些思想与方法用于理论地理学的研究之中；同时，从事理论地理学研究的学者也难以把地理信息学中所蕴含的理论、思想和方法用于理论地理研究之中。

"信息科学"（information science）不等同于"信息学科"（information discipline），前者意味着这一学科对信息问题的研究已经形成了一套系统化的知识或者理论，而后者仅仅意味着这门学科的研究和信息问题相关，因此信息科学无疑都是信息学科，但反之则不然。目前对各种信息问题的研究已深入各个研究领域，并早已突破了早期由计算机信息科学（computer and information science）、图书馆信息科学（library and information science）和通信论信息科学（telecommunications and information science）所构成的学科大厦，而信息科学本身的一些新发展，尤其是统一信息理论的提出，使得未来信息科学有可能成为整个科学研究的重要基石。

6.2.2　社会领域中的信息

18 世纪牛顿力学在自然领域所获得的巨大成功，让人们不由地想将其迁移到社会领域，于是在"社会学之父"奥古斯特·孔德的著作《实证哲学教程》（*Cours de philosophie Positive*）中，就引入了社会动力学与社会静力学两种作用机制，来试图对社会进行解构和诠释，此即"社会物理学"（social physics）的滥觞，该学科在二战后得到了长足的发展，并最终发展成为应用自然科学（以物理学为核心）的思路、概念、原理和方法，经过有效拓展、合理融汇和理性修正，来揭示、模拟、移植、解释和寻求社会行为规律和经济运行规律的交叉性学科。

在社会物理学的认知框架里，它首先承认无论自然系统还是人文系统都在时间和空间上呈现出"差异"的绝对性，这种"差异"会引发广义的"梯度"，而"梯度"又会导致广义的"力"和"流"的出现，进而就能运用相应的存在形式、演化方向、行进速率、表现强度、相互关系、响应程度、反馈特征以及敏感性、稳定性等，来刻划出"自然—社会—经济"复杂巨系统的时空行为和运行轨迹。正是借助这种"物理—数学"的方法，社会物理学在许多领域都取得了成功，以牛顿的万有引力定律为例，该定律指明了引力、质量与距离之间所存在的数学关联：$F=GMm/d^2$。然后以该模型为参照，人们在社会领域进行了各种尝试，比如 1880 年拉伦斯坦（R. Rarenstein）的人口迁移模型：$T=KP_iP_j/d_{ij}$；1970 年威尔逊（Edward O. Wilson）的城市引力模型：$F=KQ_iQ_j/d_{ij}$；1975 年克拉克（W.C. Clark）的区域综合实力模型等。无论内涵还是形式，它们均源自牛顿的万有引力定律。

到了 20 世纪 90 年代，随着信息技术与互联网的发展，一门新的交叉学科出现了，即"社会信息学"（social informatics），这个词是 1996 年在美国一个学术研讨会提出来并在与会者当中达成了共识的，因此不少人都将 1997 年视为社会信息学诞生的"元年"，尽管社会信息学这个术语出现在千禧年前夕，可对其所作的相关研究却已开展了多年，其中也与社会物理学、社会生物学不无关联，并可追溯到信息技术发展的早期。

早在 20 世纪的 20、30 年代，新兴的信息技术在社会实践所展现出来的潜力，让人们不由地对其寄予了厚望，"技术决定论"（technological determinism）就是在此背景下悄然出现的，但对于科学技术与社会之间的关系的思考与探索却早已有之，比如马克思就认为"把科学首先看成是历史的有力杠杆，看成最高意义上的革命力量"，所以，虽然存在着争议，但那时的人们大体认同技术与社会之间的关系是双向与复合的，技术与社会存在着互动而彼此影响，同时又与经济、政治和文化等一起推动着人类历史的进程。可是早期工业文明所获得的成功太过震撼人心，它对社会所产生的革命性推动力量，让人们对工业技术尤其是信息技术充满了幻想，"技术决定论"也就不可避免地甚嚣尘上了。

技术决定论强调了技术的自主性和独立性，认为技术具有某种超越的力量，不会受到人类社会的控制，进而能直接主宰人类社会的命运，包括社会制度的性质、社会活动的秩序和人类生活的质量，都会单向地、唯一地受制于技术的发展。可到了 20 世纪 80 年代末，不少的经济统计数据却显示出与此预判不符和偏离的情况，一些人认为是计算方法不当，但也有一些人开始思索并质疑，信息技术与生产力发展之间是否真的存在某种我们自以为是的联系，而这种分化最终成为社会信息学得以出现的重要诱因。

社会信息学是一门探究信息化背景下的各种社会现象，研究信息技术如何改变社会以及社会中的组织和个人，分析各种社会群体与社会运作如何塑造信息技术的使用和变革的学科，其研究内容包括信息技术在社会和组织变化中的作用，以及社会的组织和实践对信息技术发展的影响，并从信息技术与组织机构和文化背景相互影响的角度下，对其设计、使用和功用所进行的跨学科研究，促使信息技术研制和利用与社会的联系更加密切。社会信息学被应用在许多方面，比如广告隐喻的解构、教育技术的研究应用等，社会信息学主要有三个发展方向，分别与它们的发源地有关，即：俄罗斯、日本和美国。三者之间的差异可以简要地概括为：俄罗斯是基于人文信息的社会信息学，日本是基于大众媒体的社会信息学，美国是基于信息技术的社会信息学。

俄罗斯的社会信息学可以追溯到 20 世纪 60 年代，当时的国际航天科学院院士乌尔苏尔意识到没有一致的方法论，是导致人们无法形成共识的主要原因，并随后发表了两篇论文《论社会信息学的形成》和《信息化的系统活动观》，其中有四个与众不同的地方：第一是研究对象不同，相比将信息分为生物信息和非生物信息，乌氏的社会信息学的研究对象扩大到整个社会信息，其中包括了经济信息、政治信息等；第二是技术基础不同，不同于早期非网络环境，乌氏的研究工作是基于网络化的第四代电子计算机；第三是信息功能不同，除了早期研究科学信息的交流功能之外，乌氏的社会信息学还研究管理功能、认识功能、创造功能和世界观功能；第四是服务对象不同，乌氏将早期以科学情报学为主的信息理论，拓展到涉及全社会的人类信息文明存取的理论与方法论，因而被称为是基于人文信息的社会信息学。

　　东京大学社会信息学研究所的前身是 1929 年东京帝国大学（现东京大学）开设的新闻学讲座。20 世纪 60 年代，随着信息产业、信息社会和信息化等概念在日本被相继地提出，新闻研究者敏锐地捕捉到这个变革的信号，并希望抛弃狭隘的新闻媒体研究视野，试图用信息概念及运动原理，在理论上探索用信息概念对社会进行重组的可能性，通过用信息的眼光去描绘社会和世界的图景，以及用信息的理念去洞察社会的特征和要素，其研究内容也扩展成了三个方向：第一是信息与媒体，内容包括社会信息研究、大众媒体研究、新媒体研究；第二是信息与行为，内容包括信息行为研究、信息处理过程研究、信息功能研究；第三是信息与社会，内容包括信息法规与政策研究、信息社会与文化研究、国际信息网络研究等。东京大学这种将信息问题的探究置于信息科学的背景之下的做法，显然能够更好地把握信息及其相关问题的实质，从而将"新闻传播学"从"工匠学"的技艺范畴与"政治新闻学"中脱离了出来，因而被称为是基于大众媒体的社会信息学。

　　美国印地安那大学的信息系统与信息学教授、社会信息学研究中心主任罗布·克林（Rob Kling）是"社会信息学"英文一词的提出者，在克林的社会信息学理论中，最为核心的概念是"信息与通信技术"（Information and Communication Technologies，ICTs），克林认为社会信息学的理论核心应该建立在对"信息与通信技术"给社会带的经济、文化、伦理等各种人文影响的分析方面，因此社会信息学研究应当由四个部分组成：第一是技术化社会的实体论，内容不仅仅是针技术进行讨论，还应包括人与技术互动全过程的讨论；第二是信息与通信技术本身的构成；第三是制度性问题，比如文化、制度、政策对社会的影响以及对管理制度的选择等；第四是互动后所产生的相关现象。

　　因此，克林所提出的社会信息学，实质上是立足于信息技术对社会的影响、信息技术的社会分析、以信息技术为基础的多媒体通信、信息政策、信息技术的社会等问题的研究。在克林看来，信息与通信技术不仅仅是一种工具，而且是一种"社会—科技"网络。因此，要想对社会信息学进行透彻分析，就需要用一种生态学的观点去处理它们，而社会信息学的研究目的，就是促使信息技术在社会的应用与发展之间保持一种更加密切的联系，同时促进技术进步向社会驱动型而不是技术驱动型的方向迈进，因而被称为是基于信息技术的社会信息学。

6.2.3　自然领域中的信息

在自然科学中，物理学由于"熵"的缘故而与信息产生了天然的联系，物理学家惠勒（John Archibald Wheeler）则更进一步，由于人们对世界的认识来自大脑的构造，而为此提供素材的就是所感知的信息，因而他认为"换言之，任何事物（任何粒子、任何力场，甚至时空连续统本身），其功能、意义和存在本身都完全（即便在某些情境中是间接地）源自……比特"，此即"万物源于比特"的由来，在这样的世界观下，自然的量子化源于信息的量子化，比特是终极的不可分粒子，宇宙因而可能就是一台巨大的计算机，而除了物理学，其他自然学科也与信息科学存在着紧密的联系。

回顾历史，自然科学的发展大多经历了这样一个过程：从早期的实验科学，逐步发展成理论与实验结合的科学，然后发展成目前理论、实验与计算三足鼎立的科学。这既得益于人类认知能力的提升，同时也与技术的进步密不可分，其中尤以化学学科为著。

化学的前身是炼丹术和炼金术，因此早期人们对于化学的印象，就像许多影视作品中所呈现的那样，几个人在一大堆瓶瓶罐罐前不停地捣饬，偶尔发出一声巨响，然后又看见他们从一团烟雾中灰头土脸地冒了出来，所以化学一直以来都是一门实验性学科，哪怕在 19 世纪初出现了"原子-分子论"，从而使其成为一门真正的科学之后，都很难改变人们这种根深蒂固的印象，因此就有人调侃说，化学的精髓就蕴藏在它的英文单词 chemistry 之中，那就是"chem is try"。

进入 20 世纪 30 年代，量子理论的崛起为化学家们敲开了深层次研究分子和原子的大门，1927 年，海特勒（Walter Heinrich Heitler）与伦敦（Fritz London）两位科学家利用薛定谔方程解开了氢气分子的电子结构，理论化学从此悄然兴起，随后价键理论、Hartree-Fock 理论、分子轨道理论等的建立，这些都极大地丰富了理论化学，也因此让化学不再仅仅依靠实验而跛足前行，成为了理论与实验并重的一门科学。

到了 20 世纪 50 年代，各种基于现代量子理论的化学计算开始出现，它们被应用在一些简单分子的电子结构和相互作用的研究之中，这种研究方法在 20 世纪 70 年代随着计算机科学的进步而得到长足发展，一些量子化学计算软件的开发，如 Gaussian、ATMOL 等，都极大地扩充了计算化学的内涵，从而让"计算"在化学研究中有了一席之地，这股发展势头在 20 世纪 90 年代迎来了巅峰。1998 年，因为发展了密度泛函理论（density functional theory），以及将这种量子力学计算方法融入化学研究中，瑞典皇家科学院将该年度的诺贝尔化学奖授予了两位在此领域作出非凡成就的科学家。到了 2013 年，又有三位科学家同样因为在计算化学领域的卓越贡献而获得当年的诺贝尔化学奖。因此在 1998 年诺贝尔化学奖颁奖公告中如此断言："实验与理论能携手协力揭示分子体系的性质。化学不再是一门纯实验科学了。"事实上，理论与实验如今已经和计算一起，成为现代化学研究的三大支撑，正是在这个过程中，化学信息学被提了出来。

诺贝尔化学奖得主法国化学家莱恩（Jean-Marie Lehn）发现复杂分子在其反应过程中具有自组织、自识别的化学智能反应现象，而识别就包含着信息的展示、传递、鉴别和响应等过程，莱恩后来为超分子化学冠以另一个名称：化学信息学（chemical informatics，或者 chemoinformatics），并在 1995 年提出了他那震惊世人的"莱恩猜想"——超分子化学已经为朝着把化学理解为一门信息科学铺平了道路。

化学信息学是利用计算机和计算机网络技术，对化学信息进行表示、管理、分析、模拟和传播，实现化学信息的提取、转化与共享，揭示化学信息的内在实质与内在联系的学科，包括化学信息的设计、建立、组织、管理、检索、分析、判别、可视化及使用等。可是，自莱恩提出化学信息学以来，在学术界却一直显得曲高和寡，究其原因，除了化学信息学本身涉及了包括了基础化学、无机化学、生物化学、配位化学、物理化学等众多化学专业知识与信息科学的交叉，而使其太过复杂以致让人望而却步之外，另一个重要原因是在超分子的研究中，虽然人们都认同分子识别过程具有高度的智能化，其底物和受体的结合是靠一个目前尚未清楚的"引路者"在起作用，但对于莱恩"断然"地将其归结为信息，这个提法却受到了质疑，因而也对能否将整个化学科学看作信息科学的猜想持保留态度。但不可否认的是，信息科学目前已深度介入现代化学科学的研究当中，并成为其中重要的组成部分。

与化学信息学的莫衷一是不同，对于信息学在生物科学中的应用人们却多有共识。20 世纪 60 年代，人们就开始探讨有关"信息生物学"的概念，但"bioinformatics"一词直到 1978 年才由荷兰理论生物学家霍格维（Paulien Hogeweg）提出来，而首次在公开发表的文章中使用该词，则是 1991 年的美籍马来西亚裔学者林华安（Hwa A. Lim）。生物信息学的发展与人类基因组计划密切相关，早在 1984 年美国能源部就提出测定人类整个基因组 DNA 序列的设想，而对于这项工作的价值，1986 年 3 月诺贝尔生理学或医学奖得主杜尔贝科（Renato Dulbecco）在《科学》杂志上发表的文章《癌症研究的转折点：测序人类基因组》中就指出，要弄清癌症的发生、演进、侵袭和转移的机制，就必须对人体细胞的基因组进行全测序。作为"人类基因组计划"（Human Genome Project，简称 HGP）的提出者，杜尔贝科的倡议在经过四年多的讨论后，终于在 1990 年 10 月由美国政府正式启动。

这项被称为生命科学的"登月计划"项目拟耗资 30 亿美元，到 2005 年弄清楚人类基因组大约 30 亿个碱基的全序列，其主要任务包括：人类基因组以及一些模式生物体（包括细菌、酵母、线虫、果蝇、白鼠等）基因组的作图、测序和基因识别。这项计划随后得到了英、法、日、德等国家的响应，而我国也于 1994 年初在国家自然科学基金委员会和"863"高科技计划的支持下启动了该项目，成为继美、英、日、德、法之后第 6 个国际人类基因组计划参与国，也是参与该计划唯一的一个发展中国家。由于得到了全世界的普遍关注与多方支持，这项原定 15 年的计划最终提前 5 年结束，2000 年 6 月 26 日，科学家宣布人类基因组的工作草图全部完成。

因此，对基因组学的研究就成为生物信息学的首要内容，按照美国著名科学家罗德里克（Thomas Roderick）1986 年提出的观点，所谓基因组学（genomics），是指对一个物种的所有基因进行基因组作图（包括遗传图、物理图谱、转录图谱）、核苷酸序列分析、基因定位和基因功能分析的一门学科。基因组学研究主要包括几个方面的内容：以全基因组测序为目标的结构基因组学（structural genomics），以基因功能鉴定为目标的功能基因组学（functional genomics），以及以基因组比较为基础研究生物进化为目标的比较基因组学（comparative genomics）等。由于基因组序列具有指导生物发育和发挥功能的重要功能，因而使得对其的研究成为当今生命科学革命的核心。

生物信息学的另一个重要内容是蛋白质组研究。所谓蛋白质组（proteome），是指一个基因组、一种生物或一种组织/细胞所表达的全套蛋白质，蛋白质组学（proteomics）是以蛋白质组为研究对象的新的研究领域，主要研究细胞内蛋白质的组成及其活动规律，建立完整的蛋白质文库，它分为三个主要的领域：

（1）规模化的蛋白质微量鉴定和它们的翻译后修饰分析，双相凝胶电泳分离蛋白质谱的应用引起蛋白质生化和功能分析方法的复兴。

（2）"差异显示"蛋白质组学及其在医学研究中的应用。

（3）应用质谱技术或酵母双杂交方法研究蛋白质与蛋白质的相互作用，蛋白质组学将能提供一个蛋白质相互作用的数据库，由于蛋白质比基因更靠近功能（function），因此，对它的研究可更直接引发生物学的新发现，并带来巨大的经济和社会效益。

与其他信息学一样，生物信息学也是一门新兴的交叉学科，它应用计算机技术管理生物信息，涵盖了生物学、数学、物理学、化学、计算机科学等众多学科。生物信息学以核酸、蛋白质等生物大分子数据库为主要研究对象，以数学、信息学、计算机科学等为主要研究方法和手段，以计算机硬件、软件和计算机网络为主要工具，对海量生物大分子的原始实验数据进行存储、管理、注释、加工，使之成为具有明确生物意义的生物信息；通过对生物信息的查询、搜索、比较、分析，从中获取基因编码、基因调控、核酸和蛋白质结构功能及其相互关系等理性知识；在大量信息和知识的基础上，探索生命起源、生物进化以及细胞、器官和个体的发生、发育、病变、衰亡等生命科学中的重大问题，在研究清楚它们的基本规律和时空联系的基础上，建立"生物学'元素'周期表"，是 21 世纪自然科学和技术科学领域中"基因组""信息结构"和"复杂性"这 3 个重大科学问题的有机结合。

生物信息学与计算生物学或生物计算有密切关系，但又不尽相同，目前归入生物信息学领域的大致有以下几个方面。

（1）生物数据库的建立、管理与使用。这是一切生物信息学工作的基础，需要有计算机科学背景的专业人员参与，尤其是生物数据库的来源多样，会形成各类异构的数据形态，使得开发通用性的人机接口变得非常重要。

（2）研究算法及其在生物领域的应用。人类基因组计划的实施，配合大规模的 DNA 自动测序，对信息的采集和处理提出了空前的要求，从各种图谱分析、大量序列片段的拼接组装、寻找基因和预测结构与功能，到研究结果的可视化，都需要高效的算法和程序。

（3）生物信息提取。首先是从 DNA 序列中识别编码蛋白质的基因及调控基因表达的各种信号。其次，从基因组编码序列翻译出的蛋白质序列的数目急剧增加，根本不可能用实验方法一一确定它们的结构和功能，而从已经积累的数据和知识出发，预测蛋白质的结构和功能，将成为常规的研究任务。

生物信息学起步于 20 世纪 90 年代，其发展大致可以分为以下三个阶段。

（1）前基因组时代（20 世纪 90 年代前），这一阶段主要是各种序列比较算法的建立、生物数据库的建立、检索工具的开发以及 DNA 和蛋白质序列分析等。

（2）基因组时代（20 世纪 90 年代后至 2001 年），这一阶段主要是大规模的基因组测序，基因识别和发现，网络数据库系统的建立和交互界面工具的开发等，比如建立与发展表达序列标记数据库以及电子克隆技术，对具有重要生物功能的编码区和非编码区域的编码特征、调节信息与表达规律等开展研究。

（3）后基因组时代（2001 至今），随着人类基因组测序工作，以及各种模式生物基因组测序的完成，生物科学的发展已经进入后基因组时代，研究的重心由基因组的结构向基因的功能转移，而生物信息学也将在大规模基因组分析（如完整基因组的比较研究、基因表达网络、非编码区功能预测等）、蛋白质组分析以及各种数据的比较与整合等诸多研究领域得到发展与完善。对于信息在生物学研究中的作用与地位，因《自私的基因》（*The Selfish Gene*）一书而享誉世界的进化生物学家道金斯（Richard Dawkins）如此说道：

处于所有生物核心的不是火，不是热气，也不是所谓的'生命火花'，而是信息、字词以及指令……如果你想了解生命，就别去研究那些生机勃勃、动来动去的原生质了，请从信息技术的角度想想吧。

6.3 信息技术与社会

6.3.1 我们在变浅薄吗

在人类社会早期，知识的传授主要依靠口口相传的方式。"杏坛讲学"是一个历史典故，在《庄子·渔父篇》中记载："孔子游于缁帷之林，休坐乎杏坛之上。弟子读书，孔子弦歌鼓琴。"其中所描述的就是孔子聚众传道授业的场景，而"杏坛"作为孔子讲学之处，在后世有正统入学之意，同时也泛指教育工作者的工作场所。"阿卡德米学园"（Academy）由古希腊最伟大的哲学家柏拉图于公元前 387 所创建，在前后长达 40 年的时间里，柏拉图采取苏格拉底式教学法，通过一问一答的方式来传授知识。当时的柏拉图住在雅典附近的阿卡蒂姆斯（Academous），他常在此与学生探讨问题，因而人们把柏拉图的讲学模式称为 academia，这即后来"学院"英文 academy 一词的由来。

因此，面对面都是人类社会早期学习的主要甚至唯一方式，但随着纸张与印刷术的发明，这一切开始发生变化，它极大地降低了书籍的成本，使其取代了面授和手抄本而成为人们最主要的学习方式。马克思在《机器、自然力和科学的应用》一文中指出："火药、指南针、印刷术——这是预兆资产阶级社会到来的三大发明。火药把骑士阶层炸得粉碎，指南针打开了世界市场并建立了殖民地，而印刷术则变成新教的工具，总的来说变成科学复兴的手段，变成对精神发展创造必要前提的最强大的杠杆。"

相比文字，面对面的交流能助于相互的理解，听、看再加上内心的思维活动，使得信息能以复合与冗余的方式进行传送，正是感官的全方位介入强化了信息的表达，面部表情、语调语速、肢体动作等，它们的细微变化都能让接收者觉察到语言本身之外的东西，这种深切的感受不仅有助于他人理解，同时也能更深刻地改变自身的情感和行为，比如"不言而化"的身教。《世说新语·德行第一》的第 36 篇中，对于夫人的埋怨："那得初不见君教儿？"（怎么从来没有见您教导过儿子），谢安答曰："我常自教儿。"（我经常以自身的言行来教导儿子），就是指通过非语言的方式来对他人所施加的影响。

可印刷品却与此不同，因为阅读是一个安静的过程，图书就像一座桥梁，对岸是作者的情感和理性所构建而成的世界，中间隔着彼此不同的时空，读者想要踏入其中，就不能只是浮光掠影般地识别字面上直白而浅显的东西，而要代入自身的人生经历，甚至还要动员沉睡的记忆，在对比、联想和推理中换位思考，实现移情。在这个过程中，读者的视觉、味觉、嗅觉和触觉都有可能被激活，进而感受到自身没有经历过的东西，并就此进入一种深度阅读的状态，此时读者与作者形成了某种超越时空的联结关系，其中记忆与现实、临在与想象相互交错，将读者带入一个全新的世界。

因此诚如麦克卢汉（Marshall McLuhan）所言，"媒介即讯息"（The Media is The Message），媒介的变化在丰富和拓展我们感受与阅历的同时，其本身也会影响和塑造我们的思想和情感。所以，大脑并非一成不变，哪怕成年之后依然会呈现出可塑性，某些行为的出现与强化都会导致大脑结构的变化，神经元之间的突触连接会因为某种体验的不断重复而发生改变，这个结论已经通过生理解剖而得到了证实。比如对于常年穿梭于城市的出租车司机而言，大脑扫描的结果显示出他们的海马状突起远超正常水平，而这个部位在描绘周边环境方面发挥着关键作用，同时这个差异还与时间呈现出高度正相关，工作年限越长，这个突起就越明显。

可大脑的可塑性在帮助我们更好地适应新环境的同时，也会使我们受困于某些"僵化的行为"，因为大脑一旦形成了新的神经回路，就会本能地想要让它们保持一种激活状态，从而使例行的行为能够得到更快响应，虽然大脑的可塑性是一种能够引起学习和发展的机制，但得到不恰当的加强时，也可能成为一种病理原因，比如强迫症等。因此，大脑神经元和突触本身是中立的，在新技能替代已有技能的过程中，哪怕后者更有价值，它们也不会表现出任何的倾向性，如此一来，学习新事物就不总是具有积极的正面意义，因为某种智力退化现象也可能伴随其中，信息技术及其产品的出现就是如此。

人类文明的形式很大程度上取决于所使用的工具，但对于工具与人之间的关系，却存在着两种截然不同的观点。工具论者认为人是主宰，因此如何选择和使用工具，人拥有完全的主导权。对此决定论者却并不认可，他们认为选择的权力有时不是来自个体，而是社会和历史的使然，同时这个工具还会影响和限制人的行动意志和能力，就像我们不能拿着锤子去锄地。当我们选择某种工具之后，行动的自由就已经受到工具的限制，技术并不仅仅是人类活动的辅助手段，还是一种改造人类活动及其意义的强大力量。

因此对于文字和阅读，现代科学研究已经揭示，使用如中文的表意文字与使用如英文的表音文字的人，他们的脑神经回路存在相当大的差异。同时在纯口语的文化中，思维受制于记忆的能力，因而知识就是所能记住的内容。而文字的出现虽然削弱了口语中的情感因素，却让理性得到了加强，因为口头表述只在乎与自我感官经验相一致的东西，而阅读会让人在共情的过程中，不自觉的陷入对比、模拟与反省之中，尤其是高强度的深度阅读，会激发读者新的感受、新的洞见、新的领悟，并促进了智力的长足发展。因而在工业技术的推动下，各种出版物开始出入寻常百姓家，阅读所带来的沉思和冥想，让人类变得越来越深刻，但随着互联网等信息技术的出现，人们将越来越多的时间花费在网络视频上，相比过去，人们不仅用于阅读的时间大大减少了，更重要的是这是两种迥异的体验过程。

在《如何阅读一本书》（*How to Read a Book*）中提到了阅读的四个层次：从以理解为主的基础阅读（elementary reading），到快速的检视阅读（inspectional reading），再到系统化、全盘化的分析阅读（analytical reading），最后到突出发散、关联和比较的主题阅读（syntopical reading），越来越强调思维活动的目标性。而在互联网上畅游时，人们却常常会失去目标。超链接的发明是互联网能够大获成功的主要因素之一，它极大地提升了检索的效率，通过超链接，人们很容易地找到相似的内容，但为此付出的代价就是注意力极易被带走，在作出判断之前，留给意识主动介入的时机稍纵即逝，浏览者被一个又一个的链接牵引着，不知不觉中，有目标性的阅读逐渐消失了。

坐在屏幕面前，人们貌似每时每刻都没有空闲，可真正忙碌的只是手指和眼球，尤其是多媒体技术的引入，产生了更多的感官刺激，让注意力更容易被分散，人们停留在各种材料的表面，来回地跳跃，却很少深入地思考和探究。内容以更碎片化的方式呈现着，无论是文字还是视频，都要剪辑成短小的片段，因为几乎所有人都无法保持长时间的专注了，而这不仅阻碍了深入的思考，也扼杀了批判能力和创造能力，对此《浅薄》（*The Shallows*）一书的作者尼古拉斯·卡尔（Nicholas Carr）评论道：

关于如何使用电脑这个问题上，在有意或无意之中，我们已经抛弃了孤独静守、一心一意和全神贯注的智力传统，而这种智力规范正是书籍所赠予我们的。如今，我们已经把自己的命运交到了杂耍者的手上。

同时大脑的可塑性会让这种变化变得持久甚至固化，上网的行为会激活大脑左前额叶皮层的特定区域，这个区域与制定决策和解决问题的功能密切相关，因此在浏览网页时，为了在各种链接之中作出选择，这个区域会一直处于活动状态，进而很难集中注意力，因此面对相同结构的文献，传统的线性阅读学习效果更好，因为链接方式会引发认知过载，包括对多媒体所作的研究也得到相似结果，即精力分散加重了认知负荷，导致学习能力的削弱。

信息技术还存在另一个不容忽视的问题，即传统阅读的节奏是由读者把握的，但信息技术的介入，让人们更容易受到来自外界的干扰，比如各种新消息传来时，通过闪烁、振动、声响等方式，吸引使用者的注意，这种多任务的并发处理进一步加剧了精力的分散，当人们在不同任务之间来回切换时，损失的不只是时间，还有深层次理解所需的专注度，因此许多国家都制定了相关的规定，来约束青少年对于电子产品的使用。在我国，2021 年 1 月 18 日教育部办公厅发布了《关于加强中小学生手机管理工作的通知》，其中明确要求中小学生原则上不得将个人手机带入校园，确有需求的，须经家长同意、书面提出申请，进校后应将手机由学校统一保管，禁止带入课堂。

可是信息技术及其衍生品也并非一无是处，比如对于某些认知能力的提升，其中包括了模式识别和协调能力，这些能力有助于人们从众多的网络信息中更快速有效地定位目标，而更为强大的多任务处理能力，无疑能让人们更好地适应未来以轻量化和碎片化为特征的信息社会。与此同时，信息爆炸让人们也越来越依赖于外部的存储设备，在互联网上冲浪时，快速的浏览虽然挤压了深度思考所需的专注，让人们不再牢记具体而微的东西，但也会在不自觉中建立一种索引式的记忆，大脑的功能发生了改变，从而能将更多的精力放在信息的识别与关联，以及问题的发现与求解上。

现代科学研究发现人类存在短期记忆（short-term memory）与长时记忆（long-term memory）两种不同的信息处理方式，而智力更多地取决于长时记忆的内容。除了上述两种方式之外，还有一种类似短期记忆的工作记忆（working memory），它是一种对信息进行暂时加工和贮存，且容量有限的记忆系统。

早在 20 世纪 50 年代，美国心理学家乔治·米勒（George Miller）就在一篇论文《神奇的数字 7——加减 2》（*The Magical Number Seven, Plus or Minus Two*）中指出："工作记忆中只能存放大约 7 个条目的信息，而如何有效的将工作记忆转化为长时记忆，进而形成概念性的图式，对思想的深度有着决定性的影响。"长时记忆有言语编码和表象编码两种信息组织方式，米勒认为人接受信息后会经历若干步的处理：刺激（信息）→感官记忆→选择性注意→短时记忆中心理运作→复习→长时记忆中分类组织→永久储存。可是，在互联网时代，人们每时每刻都面临着各种各样的信息，许多内容还没来得及转化为长时记忆，就被新的内容所取代而消失无踪，人们不仅无法深入地思考，甚至连学习新事物也越来越困难，就是在各种应接不暇中而变得愈发的"浅薄"。

艾兹格·迪科斯特拉（Edsger Dijkstra）被称为"结构程序设计之父"，作为

1972 年图灵奖的得主，他有一句备受推崇的名言："我们所使用的工具影响着我们的思维方式和思维习惯，从而也将深刻地影响着我们的思维能力。"随着信息时代的到来，现代社会关系日趋复杂化，因而促进了大脑生物结构的变化，并由此带来智力的进步，但与此同时，互联网又让许多社会关系被降级为联系，相关"计算"在不断减少，这又导致智力的退化。

6.3.2　关系还是联系

社会通常存在两种性质，一种是因为自然的原因而结合在一起，多见于以血缘与地缘为纽带的乡土宗群；一种是为了一定的目的而结合在一起，并在公共的法则下让渡和享受个人权利，而现代国家多为此结构。费孝通将前者称为礼俗社会，后者称为法理社会。礼俗社会多为熟人社会，彼此间的关系是建立在亲密感之上的，而这种亲密感又源自长期的、不断的和多方面的相互接触，对此费孝通阐述道：

熟悉是从时间里、多方面、经常的接触中所发生的亲密的感觉。这感觉是无数次的小摩擦里陶炼出来的结果。这过程是《论语》第一句里的"习"字。"学"是和陌生事物的最初接触，"习"是陶炼，"不亦说乎"是描写熟悉之后的亲密感觉。在一个熟悉的社会中，我们会得到从心所欲而不逾规矩的自由。这和法律所保障的自由不同。规矩不是法律，规矩是"习"出来的礼俗。从俗即是从心。换一句话说，社会和个人在这里通了家。

在农业时代，人依附于土地，所有关系都围绕着土地而展开，中文的"封"字最早就是与土地的占有有关，在《尚书·舜典》中有"肇十有二州，封十有二山，浚川"。其中"封"字的甲骨文为"𡐨"，下为土，上为树，本义是在土上栽树，古代诸侯受命建国后，会在封地的边界上培土栽树，"封疆大吏"一词也由此而来。

随着生产力的提高，人类的活动范围开始扩大，社会分工日趋复杂，人们逐渐从熟人社会转向陌生人社会，建立在亲密感之上那种相互信任，也慢慢地被公众的习俗和法律所取代，而工业文明的出现与发展，则进一步将人们与土地割裂开来，越来越多的人从农田走进工厂，过去那种由土地而衍生出来的自然关系，血脉和属地的纽带作用遭到削弱，人们将对于土地的依恋，转向了各种想象的共同体，比如现代的社团组织；与此同时，工业文明效率之上的工作伦理，又让处于相同社会角色的人会因为竞争，而经常陷入一种紧张关系当中，难免地会产生疏离感。

"社会原子化"（social atomization）这一概念最初是由德国社会学家齐美尔（George Simmel）提出来的，它是指中间组织（intermediate group）作为人类社会最重要的联结机制，它的解体或缺失所引发的社会危机。西方社会的原子化出现在 18 世纪的启蒙运动以后，个人主义的兴起摧毁了横亘在个人与国家之间的一切中间社会组织，企图建立起一种人类存在的新方式，但在对于"自由和平等"的狂热追求中，传统的道德与社会团结的基础出现坍塌，而中间组织的消亡则导致了诸如个体孤独、无序互动、道德解体、人际疏离、社会失范（social anomic）等现象的发生，人们发现有必要重建社会共同体，来填补这个"中间者"的缺失。

在中国古代也曾出现过"社会原子化"的思想，比如秦代商鞅起草的《分户令》中就有"民有二男以上不分异者，倍其赋"，这种试图将家庭分隔成最基础社会单元的作法，一方面能为国家收取更多赋税，另一方面也能遏制世族豪强的壮大，但因其出发点只是为了维护皇家的统治，而非个人权利的伸张，因此无法避免个体因聚合而形成各种社会共同体。所以历史上的中国更多的是以费孝通所说的"差序格局"方式而存在，个人就像一块石头，扔进社会的大江大河之后，会形成一个个以自己为中心的涟漪，也就是所谓的"圈子"。因此古代中国人推崇的实际上是自我主义，而非个人主义，它既以血缘、地缘等作为纽带，主观地判定群体中的远近亲疏，但又受困于这种情感，难以抹开"面子"去身体力行体现价值中立的权利和义务，自然也就无法形成能超越私人情感的道德观念。

作为一种社会进步的推动力，"原子化"在消灭中间组织之后，将个人的巨大能量释放了出来，从而为思想启蒙与工业文明带来了源源不断的动力，但随着对于生产效率的追逐，人们被分隔成日益专业的小团体，个体被限制在特定的工序之中，在这种流水化作业的工作中，尤其是大规模的自动化之后，人与人之间的关系也发生了变化。进入信息时代，社会原子化现象变得愈发突出。英文"relation"一词有关系之意，其中尤指血缘、婚姻般的亲密关系，因此短语"no relation"并不只是字面上的"没有关系"，更是意指"不是一家人"那种亲密的关系；与此形成对照的是"connection"，它的拉丁文"connexionem"有

"绑定、关联、连接"之意，更多表明的只是一种相互间的存在状态。因此，人与人之间这种关系的微妙变化，在信息技术全面而迅速地介入社会生活之后变得更加明显。

首先是异质化交流方式的萎缩。在熟人社会中，人们会发展出一套专属的特殊语言，它可能是公众语言附加了不同含义，又或者是某种带有私密性的暗语，这种表达基于共同的经历，能激发出超出语言本身之外的想象，并带来非比寻常的强烈情感。同时这种交流方式不限于口头表达，还包括肢体动作、面部表情等，甚至有时只是简单的对望都能让心有默契的人产生某种共鸣。当人们在公共场合中使用它们时，就能自然地划出一道无形的屏障，将某些人隔阻在外，形成了亲疏有别的关系。

互联网则压缩了这种表达方式的生存空间，尤其对于数字原生代，他们将大量的时间耗费在网络之中，但虚拟世界受制于信息技术本身，而使得交往的方式或者内容都呈现出趋同化，过往那种融合了地点、时间和情境的特殊经历日渐消失，即便是现实世界中的人，在网络中都会简化为一个个闪动的图标，而网络中存在的各种虚妄，又让人们很难付出真情实感，更勿论形成差序的关系，如此一来，真实世界的关系就被降级为联系。

其次是社会角色的变化。在人类社会早期，由于生产能力的低下，必须依靠相互协作才能提高生存的几率，一个组织内不同的劳动分工，会使个体呈现出不同的价值，其中个体与个体，以及个体与群体之间的关系并非一成不变，如果某个组件出现功能障碍而无法履行原有职能，就会出现职能的动态再分配，因而整个组织更像一个有机的聚合体，人与人之间不仅只是简单的相互需要，而会形成某种超越利益的共生关系，因此更具有弹性。

进入信息时代，尽管分工依然存在，但工业文明作为一个机械的"大钟表"，个体不再是聚合体中有机的组件，而更多地被视为一个个机械的零部件，而当零部件出现问题时，如何快速、有效地找到替代品，则是整体更为关注的问题。在这种情况下，社会所在意的是个体的有用性，因而只要能满足标准化的规格需要，哪怕不断地将陌生人引入整体中也无妨，情感的元素遭到了稀释。而随着智能化技术的发展，越来越多的工作岗位被人工智能产品所取代，人和人之间失去了有机协作关系所需要的生物基础，变得更倾向于机械化的功能联结，这种方式虽然高效，却抽离了情感所具有的丰富性，使得关系变得单一而脆弱，也就慢慢蜕变成简单的联系。

最后是组织结构的变化。在前工业时代，社会是以层级化方式组织起来的，无论是韦伯（Max Weber）的"科层制"，还是费孝通的"差序结构"，人们有时仅仅通过不同的称谓就能确定彼此的社会角色和地位，从而在心理上形成各类不同的关系投射。但信息技术尤其是互联网的出现，使得这个世界开始"扁平化"，以前需要层层转达的讯息，现在可以在网络中"广播式"地发送给每一个人。如此一来，那种建立在联想之上的层级关系遭到破坏，人们将注意力更多转向信息的流转，以及对其的理解和应用上，而且一个组织越追求效率，其结构就越会趋向"扁平"，也就让身为网络节点的个体，无论是作为发送方或者接收方，其真实的社会角色都越容易遭到忽视，现实社会中的个体所具有的那种不同地位与价值，被互联网无差别的平权机制所淡化，使得原本错综复杂的社会关系，会趋向具有同一特性的网络联系，建立在真实物理空间之上的归属感被技术所消解。同时不管在虚拟的网络还是真实的世界，人们接触到的是越来越多的陌生人，网络稀释了生活中原本的熟悉感和亲近感，"附近"在逐步消失，由此衍生的关系也就无所依附，那么剩下的就只有网络中的联系。

6.3.3　道德机器

"电车难题"（trolley problem）是哲学家菲利帕·福特（Philippa Foot）于 20 世纪 70 年代首先提出来的，它描述了这样一个场景：一个疯子将五个人绑在铁轨上，而此时一辆失控的电车飞驰而来，眼看就要将这无辜的五个人碾死，但此时的你正好站在轨道的扳手旁边，只需拉动扳手，就可以让电车转向侧轨，只是侧柜上也被疯子绑住了一个人，列车一旦转过去，那个人也会必死无疑，现在的问题是：你到底应不应该拉动扳手呢？

在这里，牺牲 1 个人来挽救 5 个人，或许会让有些人感到踌躇，于是有人提出了一些"电车难题"的变体，试图进一步阐释其中存在的困境，比如你意外地进入一个原始部落，那里的独裁者要处死 20 个无辜的人，但他给了你一个机会，只要你从 20 人中挑选一个人并将其亲手处死，另外 19 个人就可以获得自由，甚至进一步地，将这个牺牲人数与获救人数的悬殊再加大，此时绝大多数人或许就不再犹豫，而果断作出有利于大多数人的选择。

作为伦理学中的一个重要悖论，福特提出"电车难题"的初衷，就是为了表明其对于功利主义的不同看法。所谓"功利主义"（utilitarianism），又称效益主义，是道德哲学中的一个重要理论，该理论提倡追求"最大幸福"（maximum happiness），因此如果能促进最大多数人的幸福，是可以牺牲少数人的利益的，所以按照功利主义的观点，"电车难题"的答案是不言而喻的。

与功利主义相对的是另一种哲学观念——"义务论"（deontological），又称为道义论，该理论强调道德义务和责任的神圣性，履行义务和责任的重要性，以及人们的道德动机和义务心在道德评价中的地位和作用，认为判断人们行为的道德与否，不必看行为的结果，只要看行为是否符合道德规则，动机是否善良，是否出于义务心，等等，因此人只能作为目的，而不是手段。很显然，按照义务论，为了挽救五个人（目的），而牺牲侧轨上的另一个人（手段），这是不允许的。

除了前面提到的功利主义与义务论之外，另一种比较有力的观点即无知之幕。"无知之幕"（veil of ignorance）是指在人们商量给予一个社会或一个组织里的不同角色成员正当对待时，最理想的方式是把大家聚集到一个幕布下，约定好每一个人不知道自己在走出这个幕布后，将在社会/组织里处于什么样的角色，换言之，事先不知道自己将会处于利益关联中的哪一方，此时人们所作出的选择最具正义性，就像"电车难题"中的困境，如果作为旁观者，许多人会毫不犹豫地选择拉动扳手，但是如果知道自己有很大可能是当事人，甚至就是侧轨上的那个倒霉蛋，一些人或许就不一定会再笃定自己最初的选择了。

进入 21 世纪，"电车难题"这个伦理学中的思想实验，以另一种方式出现在真实的生活当中，那就是无人驾驶。所谓"无人驾驶"（autonomous vehicles），是指依靠人工智能、视觉计算、雷达、监控装置和全球定位系统协同合作，让电脑可以在没有任何人类主动的操作下，自动安全地操作机动车辆。通常地，人造智能设备都存在着"四大机器事故"的局限：硬件故障（hardware failure）、软件漏洞（software bugs）、知觉错误（perceptual errors）、推理错误（reasoning errors）。而"电车难题"则主要指向"推理错误"。因为不同于传统驾驶，其操控者不仅是事故的实际参与人，而且是具备完全行为能力与道德判断的决策主体，而"无人驾驶"中的操控者则是计算机程序，它是在事故发生前被非当事人所预置的，在这种情况下，事故的法律主体与责任划分，这些都是学术界仍有待探讨的问题。

因此，面对真实的复杂道路情况，以及不可避免的一些意外，这些都需要无人驾驶的开发者事先通过某些方式（比如计算机编程），来对其作出判断并设置相应的处置方案，比如刹车失灵时，道路的一侧是一个成年人和一个小孩，另一侧是一个成年人和一个老年人，那该如何控制汽车撞向哪一侧呢？对此麻省理工学院媒体实验室开发了一个名为"道德机器"（moral machine）的网站，以期获得人们对此类问题的答案。

道德机器可以看作电车难题的升级版，因为在原来的思想实验中，其中的"人"是被剥离了各种特征的抽象人，且仅仅考虑了数量因素，而在道德机器测试中，其中的对象则被扩展到更为复杂和真实的情境，"人"被具化了，除了数量，还被赋予了生物与社会特征，比如性别、年龄、孕妇、社会阶层、工作性质等，此外还引入了其他道路因素，比如动物的出现、违章的判断等，同时"乘客优先"也被提了出来。

人类都有一种自我保护天性，在遇到危险时，会本能地选择有利于保全自身的行为，这是一种天赋权力。在"电车难题"中，受测者由于置身事外，此时往往会作出符合"功利主义"的道德选择，那如果作为当事人，他们态度会有何变化呢？

"隧道难题"（tunnel problem）旨在探讨车辆失控时，人们是选择撞向无辜的路人，还是撞向隧道以牺牲自己，结果发现，大多数人都会选择牺牲自己，而且这个利他行为与行人数量呈现正相关，比如行人只有 2 个时，52%的人选择自我牺牲以拯救行人，而当这个人数上升至 6~7 人时，选择牺牲自己的比例上升到70%。可是，当人们被问及是否愿意购买这种"无人驾驶"的汽车时，其结果却背道而驰，在 0~100 的购买意向区间上，购买意愿的中位数只有 19，也就是说，当人们意识到购买这种汽车，会将自己或者亲友置于更大的风险当中时，他们实际上是排斥的，哪怕因此会带来更有利于群体利益的结果。所以，在涉及道德伦理的困境中，作为旁观者与当事人，人们往往会有着不同的选择，毕竟"说"与"做"还是有差别的。

因此在进行"无人驾驶"的程序设计时，一个问题被提了出来：面对可能出现的意外及其导致的损害，是应该允许个人有更多的自主权，而采取"个人化伦理算法"（Personal Ethics Setting，PES），还是作出先置的道德选择，并坚持统一预设选择的"强制性伦理算法"（Mandatory Ethics Setting，MES）？

在 PES 中，比较有代表性的是"道德旋钮"（ethical knob），如图 6-1 所示，该架构两端分别对应"利他主义"（行人优先）和"利己主义"（驾乘优先），旋钮中央则代表"完全中立"，意为在事故中遵循功利主义算法来保护人数较多的一方，若人数相等则随机选择。道德旋钮预设了一种线性连续的道德维度（利他主义对应 0，利己主义对应 1，完全中立对应 0.5），自动驾驶汽车的乘客在"利他"与"利己"之间进行选择，其对应的值记作 $R(a_i)$，即主体（乘客或行人）的生命权重。自动驾驶系统通过权衡生命权重 $R(a_i)$，与紧急情况中直行或转向将造成的主体预期死亡率 $\mathrm{Pr}(\mathrm{Death}(c_i, a_i))$，来计算出车辆动向 c_i，对主体的负效用率（disutility），即车辆的最终动向对主体安全的损害度，当乘客与行人数量相等时，其表达式为

$$\mathrm{Dis}(c_i, a_i) = R(a_i) * \mathrm{Pr}(\mathrm{Death}(c_i, a_i))$$

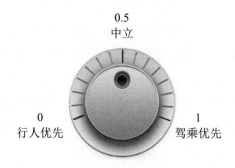

图 6-1　"道德旋钮"

　　PES 算法有着较好的可操作性，借助强大的车载计算设备，就可以实现无人驾驶中对于意外情况的及时处置，但这个方法却可能导致整个社会陷入"公地悲剧"的困境，因为个体收益与他人的设置同时相关，如果每个人都从利己角度出发，都期望别人作出利他的选择，那么就会使整个社会的收益偏离"帕累托最优"，正是在这种情况下，MES 受到了人们越来越多的重视。

　　在 MES 算法中，通常以"最大化最小值"原则（maximin principle）为基础，构建一种底线安全最大化的新算法，这一新算法不通过舍弃少数一方达到生存最大化，而是通过最大化弱势群体的收益来推动博弈双方达成"帕累托最优"。在行人与乘客的生存冲突困境中，事故主体（乘客、行人等）与可选操作（转弯、直行等）的效用函数（utility function）构成一个笛卡尔积，罗尔斯算法首先在笛卡尔积的映射数据集中，权衡事故主体存活概率的最低收益集，经过循环穷举，筛选出将最低收益最大化的操作；若多种操作收益相同，则使用随机数决定最终操作。

　　麻省理工学院的"道德机器"自问世以来，通过包括中文等在内的多种语言向全世界征集答案，目前已有超过 4000 万人次参与了这项实验，尽管测试题是随机产生的，但从反馈的结果仍可发现其中潜藏的道德线索：重视拯救更多人、重视保护乘客、重视交通法则、性别偏好、人/动物偏好、年龄偏好、胖瘦偏好、社会价值偏好……。每个参与测试的人都可以从中得知自我选择与群体选择之间的差别。

　　通常来说，道德是在一定社会群体中约定俗成的行为规范与品质规范之总和，受社会舆论和内在信念的直接推动，它以善恶为基本评价词，提供善的为人处事方式，以满足人类处理人际关系与实现自我的需求，无法脱离具体的历史背景而存在。可是，当人类社会进入信息时代之后，越来越多的选择权被交付给一些预置的算法，价值主体在发生变化，道德不再是个体在面对具体情境时，那种存在于生物本性、文化历史与约束规则之间的博弈。马克思说："任何一种解放都是把人的世界和人的关系还给人自己。"在无人驾驶中，无论是 PES 还是 MES，归根结底都是人的意志的体现，但与过去不同，道德不再只是受到文化、历史和政治等因素的影响，而开始越来越多地渗透了来自群体行为的统计学结果。

参 考 文 献

[1] 塞费. 解码宇宙：新信息科学看天地万物[M]. 隋竹梅，译. 上海：上海世纪出版集团，2015.

[2] 里夫金. 熵：一种新的世界观[M]. 吕明，袁舟，译. 上海：上海译文出版社，1987.

[3] 伊斯利，克莱因伯格. 网络、群体与市场——揭示高度互联世界的行为原理与效应机制[M]. 李晓明，王卫红，杨韫利，译. 北京：清华大学出版社，2011.

[4] 博登. 人工智能哲学[M]. 刘西瑞，王汉琦，译. 上海：上海译文出版社，2006.

[5] 舍恩伯格，库克耶. 大数据时代[M]. 周涛，译. 杭州：浙江人民出版社，2012.

[6] 闫学杉. 信息科学：概念、体系与展望[M]. 北京：科学出版社，2016.